中央财政支持高等职业院校作物生产技术专业建设项目成果
高等职业教育农学园艺类"十二五"规划教材
省级示范性高等职业院校"优质课程"建设成果

特种经济作物栽培技术

主　编　韩春梅　李春龙

西南交通大学出版社
·成　都·

图书在版编目（ＣＩＰ）数据

特种经济作物栽培技术/韩春梅，李春龙主编. —
成都：西南交通大学出版社，2013.7（2015.1 重印）
高等职业教育农学园艺类"十二五"规划教材
ISBN 978-7-5643-2423-0

Ⅰ．①特… Ⅱ．①韩… ②李… Ⅲ．①经济作物－栽
培技术－高等职业教育－教材 Ⅳ．①S560.48

中国版本图书馆 CIP 数据核字（2013）第 153004 号

高等职业教育农学园艺类"十二五"规划教材

特种经济作物栽培技术

主编　韩春梅　李春龙

责 任 编 辑	牛　君
助 理 编 辑	罗在伟
封 面 设 计	墨创文化
出 版 发 行	西南交通大学出版社
	（四川省成都市金牛区交大路 146 号）
发 行 部 电 话	028-87600564　028-87600533
邮 政 编 码	610031
网　　　　址	http://www.xnjdcbs.com
印　　　　刷	成都蓉军广告印务有限责任公司
成 品 尺 寸	170 mm × 230 mm
印　　　　张	10
字　　　　数	178 千字
版　　　　次	2013 年 7 月第 1 版
印　　　　次	2015 年 1 月第 4 次
书　　　　号	ISBN 978-7-5643-2423-0
定　　　　价	26.00 元

图书如有印装质量问题　本社负责退换

版权所有　盗版必究　举报电话：028-87600562

省级示范性高等职业院校
"优质课程"建设委员会

主　任　　刘智慧

副主任　　龙　旭　　徐大胜

委　员　　邓继辉　　阳　淑　　冯光荣　　王志林　　张忠明

　　　　　　邹承俊　　罗泽林　　叶少平　　刘　增　　易志清

　　　　　　敬光红　　雷文全　　史　伟　　徐　君　　万　群

　　　　　　王占锋　　晏志谦　　王　竹　　张　霞

序

　　随着我国改革开放的不断深入和经济建设的高速发展，我国高等职业教育也取得了长足的发展，特别是近十年来在党和国家的高度重视下，高等职业教育改革成效显著，发展前景广阔。早在 2006 年，教育部连续出台了《教育部、财政部关于实施国家示范性高等职业院校建设计划，加快高等职业教育改革与发展的意见》（教高〔2006〕14 号）、《关于全面提高高等职业教育教学质量的若干意见》（教高〔2006〕16 号）文件以及近年来陆续出台了《关于充分发挥职业教育行业指导作用的意见》（教职成〔2011〕6 号）、《关于推进高等职业教育改革创新引领职业教育科学发展的若干意见》（教职成〔2011〕12 号）、《关于全面提高高等教育质量的若干意见》（教高〔2012〕4 号）等文件，这标志着我国高等职业教育在质量得以全面提高的基础上，已经进入体制创新和努力助推各产业发展的新阶段。

　　近日，教育部、国家发展改革委、财政部《关于印发〈中西部高等教育振兴计划（2012—2020 年）〉的通知》（教高〔2013〕2 号）明确要求，专业设置、课程开发须以社会和经济需求为导向，从劳动力市场分析和职业岗位分析入手，科学合理地进行。按照现代职业教育体系建设目标，根据技术技能人才成长规律和系统培养要求，坚持德育为先、能力为重、全面发展，以就业为导向，加强学生职业技能、就业创业和继续学习能力的培养。大力推进工学结合、校企合作、顶岗实习，围绕区域支柱产业、特色产业，引入行业、企业新技术、新工艺，校企合办专业，共建实训基地，共同开发专业课程和教学资源。推动高职教育与产业、学校与企业、专业与职业、课程内容与职业标准、教学过程与生产服务有机融合。因此，树立校企合作共同育人、共同办学的理念，确立以能力为本位的教学指导思想显得尤为重要，要切实提高教学质量，以课程为核心的改革与建设是根本。

　　成都农业科技职业学院经过 11 年的改革发展和 3 年的省级示范性建设，

在课程改革和教材建设上取得了可喜成绩，在省级示范院校建设过程中已经完成近 40 门优质课程的物化成果——教材，现已结稿付梓。

本系列教材基于强化学生职业能力培养这一主线，力求突出与中等职业教育的层次区别，借鉴国内外先进经验，引入能力本位观念，利用基于工作过程的课程开发手段，强化行动导向教学方法。在课程开发与教材编写过程中，大量企业精英全程参与，共同以工作过程为导向，以典型工作任务和生产项目为载体，立足行业岗位要求，参照相关的职业资格标准和行业企业技术标准，遵循高职学生成长规律、高职教育规律和行业生产规律进行开发建设。按照项目导向、任务驱动教学模式的要求，构建学习任务单元，在内容选取上注重学生可持续发展能力和创新创业能力的培养，具有典型的工学结合特征。

本系列教材的正式出版，是成都农业科技职业学院不断深化教学改革的结果，更是省级示范院校建设的一项重要成果，其中凝聚了各位编审人员的大量心血与智慧，也凝聚了众多行业、企业专家的智慧。该系列教材在编写过程中得到了有关兄弟院校的大力支持，在此一并表示诚挚感谢！希望该系列教材的出版能有助于促进高职高专相关专业人才培养质量的提高，能为农业高职院校的教材建设起到积极的引领和示范作用。

诚然，由于该系列教材涉及专业面广，加之编者对现代职业教育理念的认知不一，书中难免存在不妥之处，恳请专家、同行不吝赐教，以便我们不断改进和提高。

龙　旭

2013 年 5 月

PREFACE

特种经济作物用途广泛，综合利用价值高，在工业、医药中均发挥着重要的作用。然而，特种经济作物栽培中存在许多问题，导致其质量和数量也都存在不少问题。

为此，本书重点介绍了 5 种食用特种作物（雪莲果、甜叶菊、蛇瓜、魔芋和芦笋），15 种药用特种作物（金银花、当归、川芎、白术、薄荷、石斛、丹参、麦冬、泽泻、川贝母、三七、天麻、茯苓、黄连和川白芷），7 种药食两用特种作物（生姜、牛蒡、川明参、紫背天葵、芥蓝、荆芥和球茎茴香），共 27 种特种经济作物栽培中的繁殖、田间管理、病虫害防治、采收、产地初加工以及留种等技术和一般原理。全书栏目突出、内容详细、语言通俗易懂、技术实用，可作为高职院校相关专业教材，也可作为栽培人员参考读物。

本书由成都农业科技职业学院韩春梅、李春龙主编，在编写过程中参考了大量文献资料，在此对相关作者表示诚挚的谢意。本书的编写得到了西南交通大学出版社的大力支持和热情帮助，编者在此深表感谢。

由于编者水平有限，经验不足，书中的不足之处在所难免，恳请专家和同行批评指正，并提出宝贵意见。

编　者

2013 年 3 月

目录 CONTENTS

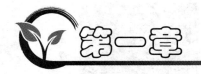

第一章

食用特种经济作物

第一节　雪莲果栽培技术

雪莲果又称亚龙果，原产于秘鲁南部、玻利维亚西部的安第斯高原地区，当地俗称"亚贡"，意为"神果"，为菊科向日葵属多年生草本植物，株高 2～3 m。其果实极像红薯，但比红薯甜，因其肉质晶莹雪白，口感无渣，故叫雪莲果。雪莲果是热带山地植物，喜强光，喜土壤肥沃、土质疏松、土层深厚的砂壤土，特别适应生长在海拔 1 000～2 300 m 的砂质土壤上，忌积水。生长期约 200 多天，生长适温为 20～30 ℃，在 15 ℃ 以下生长停滞，不耐寒冷，遇霜冻茎枯死。雪莲果一般单株产 3 kg 左右，最高单株可产 10 kg，亩产可达 3 000～4 000 kg。

雪莲果全身都是宝，其肉质块根肥大，呈红薯形，为主要食用部分。块根含水量为 70%～93%，味道甘甜，口感清脆如同荸荠，主要作为水果生食，也可水煮、油炸等加工后食用。雪莲果属于低热量食品，含有低聚寡糖，具有良好的药理作用，能有效地控制胆固醇含量，防止糖尿病，有减肥、防感冒、防骨质疏松、降低高血压的功效，对消化道和循环系统的疾病以及结肠癌等均具有一定疗效。此外，其根和茎可以做饲料，叶子和花可以制成茶叶。

雪莲果是目前所有植物中果寡糖含量最高的，并且含有 20 多种人体必需的氨基酸及镁、钙、锌、铁、钾等微量元素，具有很高的营养价值，是世界公认的无公害纯天然第三代新型高档水果，国内外市场奇缺，种植前景极为广阔。

一、整地与起垄

前茬作物收获后翻犁晒土 5~7 d，将土耙细整平，做好四边排水沟，排水沟至少要挖成宽 40 cm、深 30 cm。雪莲果系块根作物，应选择排灌方便的砂壤地最好，每亩施 2 000~3 000 kg 的农家肥，撒施均匀后深耕，不施化肥，也不打农药。根据地块肥力情况确定株行距，肥力较好的地块按 80 cm×100 cm 开穴，肥力较差的地块按 80 cm×80 cm 开穴。每穴：长×宽×深为 25 cm×25 cm×25 cm，一般亩栽 1 000~1 200 株，匀施腐熟农家肥每亩 2 000 kg，随后把土地起垄，以后中耕时再培土拢高，目的是加大土壤的日温差，促进果实膨大（图 1.1）。

图 1.1　整地、起垄、开穴

二、定　植

种块应选择表面光洁、无斑点和霉变、无病虫的健康种球切块，切块时用锋利的小刀将种球切分，切种前，小刀用 75% 的酒精消毒，每个种块 25 ~ 30 g（太大浪费种源；太小母体营养不足，植株弱小，影响产量），保证有 1 ~ 2 个健壮的芽，用种量为每亩 40 ~ 50 kg。切割好的种茎要轻拿轻放，不要压伤芽眼。将切好的种块放入 4% ~ 5% 的鲜石灰水中，浸泡 10 ~ 15 min，或用 75% 的高锰酸钾溶液浸泡 2 min，可防止切口被病菌浸染造成种茎腐烂，利于出苗整齐。每穴种植 1 个种块，种植深度为 5 ~ 6 cm，将穴整平，以防雨季渍水淹苗，造成幼苗黑腐病。

定植时期各地不同，一般春季当 5 cm 地温稳定在 14 ~ 15 ℃ 时即可定植，保护地栽培可提前定植，定植方式可以大田直接栽植种块，也可用营养钵或营养袋在大棚内育苗后再栽入大田，夏季也可将分枝和地下萌生的侧枝进行扦插定植。将雪莲果种块定植在垄背上，为防止地下害虫的危害，可在定植穴内施入适量的生石灰进行预防（图 1.2）。

图 1.2　撒生石灰

三、田间管理

栽植后当苗高 20 cm 时，要及时浇水保墒，并结合锄草对植株进行培土。如定植前施肥量不足，此期要再施适量土杂肥补充，但要注意忌施化肥。遇干旱应及时浇水，雨后要及时排水。

雪莲果茎秆长到 1 m 左右时，会在基部生出分蘖枝，如肥力较高、种植密度大，可适当修剪，若地薄或稀植可免修剪。7 ~ 8 月份植株进入旺盛生长期，枝条疯长，分枝过多，要及时整枝。可结合中耕培土进行修枝打枝，每株留 3～6 枝为好，多余枝条全部打掉，以减少营养消耗，同时有利于通风透光，整个生育期需修枝 2～3 次。为了扩大繁殖，对掰下的分蘖枝可作为繁殖材料进行扦插，晚秋后还可收获大量种球。后期开花后摘花打顶，以控制地上部分旺盛生长，促进养分向地下块根转移，提高产量。

雪莲果与甘薯一样，对钾肥的需求量较大，应多施钾肥。8 月上中旬每亩施 5～7.5 kg 钾肥，每株追施硫酸钾 50～100 g，株间穴施，穴深 10 cm。并每隔 15～20 d 喷施一次 0.2% 的磷酸二氢钾叶面肥，以提高果实的含糖量，促进果实膨大。

雪莲果抗病虫能力强，很少发生病虫害。苗期和枝叶旺盛生长期偶有茎腐病、蚜虫、菜青虫、红蜘蛛等为害，可分别喷 72% 霜脲锰锌可湿性粉剂 800 倍液、10% 吡虫啉 3 000 倍液、4.5% 高效氯氰菊酯 1 500 倍液、1.8% 阿维菌素乳油 3 000 倍液防治。发生蛴螬的地块，可用 40% 辛硫磷乳油 1 000 倍液灌根防治。在低洼潮湿或连作地块会发生青枯病，可通过轮作或下种时每亩施 50 kg 生石灰进行防治。

四、采 挖

雪莲果的果实是无性营养体，没有明显的成熟标准和收获期，但收获早晚与雪莲果的产量、留种、贮藏、加工利用都有密切关系。收获过早会降低产量，过晚会受低温冷害的影响。雪莲果的收获适期，一般是在气温下降到 15 ℃ 时开始收刨，气温在 10 ℃ 以上或地温在 12 ℃ 以上即在枯霜前收刨完毕，一般在寒露前后（11 月中旬）收刨完毕。南方可留在地里来年 3 月随挖随用，北方应在霜冻前采挖后入窖贮存，可像红薯一样保存。在距地面 10 cm 处割除茎秆，然后用镢头在垄侧将土刨松，再在四周挖，尽量不要伤及块根，用手握住茎秆基部轻轻提起，切不可用力过猛，否则块根极易折断。挖出的雪莲果应及时挑拣，将无伤口、商品性好的块根装箱待售。其余的避免放在风口处，以免块根开裂，影响其商品性。

五、留 种

雪莲果采挖后，将雪莲果果实上部的种球切下，将伤口晾干，用 50% 的多菌灵消毒，或用 75% 的高锰酸钾溶液浸泡 2 min，捞出后将芽眼朝上，用湿砂贮藏于温凉处假植，注意防止受冻受热。来年 2 月份扒开砂子，种芽长到 4 cm 左右时即可定植（各地应根据气温而定）。

第二节　甜叶菊栽培技术

甜叶菊别名甜菊、糖草、甜草，为菊科甜菊属多年生草本植物。甜叶菊全株都有甜味，以叶片最甜，含糖苷 14%，叶片经晒干粉碎后即可当糖料，其提取物—甜叶菊糖，属于天然无热量的高甜度甜味剂，是蔗糖甜度的 300 倍，而热量仅为白砂糖的 1/300。甜叶菊有提高血糖、降低血压、促进新陈代谢的作用，制成保健茶或食品添加剂，可治疗糖尿病、肥胖症，有调节胃酸、恢复神经疲劳、预防小儿龋齿等功效。

甜叶菊原产于巴西、巴拉圭和阿根廷三国交界的森林地带和高原地区，1977 年在中国引种成功，现已有 20 多个省市栽培。

一、繁殖方式

1. 种子繁殖

生产上多采用先播种育苗后移栽定植的方式种植（图 1.3）。在南方通常应用平畦播种育苗，而北方则多用温床育苗。长江以南地区最佳播种期为 10～11 月，幼苗在育苗畦内越冬到第二年 3 月下旬即可移栽大田，北方一般在 2～3 月利用温室或温床播种育苗。

　　种子繁殖应选择向阳背风的平坦或缓坡地，周围应有充足水源供苗期浇灌，要求土壤富含有机质、疏松肥沃、结构良好、保水保肥能力强、呈中性或微酸性的壤质土或砂壤土，育苗前施足厩肥，再按每平方米施氮、磷、钾肥各5 g，并用 90% 敌百虫 800 倍液杀灭地下害虫。

　　为使种子撒得均匀，播前可先用细砂把种子掺混起来拌匀，然后放在温水中浸泡 10～12 h，再用少量草木灰拌种。播完后用木板轻轻压种子，使种子与土壤密接，再用喷雾器向床面喷水一次。苗床要一直保持湿润，以提高出苗率。温度控制在 15～25 ℃，播后 7～10 d 即可出苗。播种量：每 100 m² 苗床需要种子 500 g，实际培育成壮苗的数目为 20～25 万株，足够栽植 12～15 亩土地。一般每亩栽苗 8 000～9 000 株，密植可达 10 000～12 000 株。

图 1.3　甜叶菊育苗

2. 扦插繁殖

　　甜叶菊全株都可扦插，从 3 月下旬到 8 月下旬均可扦插育苗，扦插期以 5 月下旬～7 月上旬最好，以现蕾之前剪取顶端幼嫩部分作为插穗扦插的成活率最高。扦插时选用符合要求的健壮分枝、侧茎，截取顶端 5～7 cm 的嫩梢，去掉下部 1～2 节的叶片，将插条 2～3 cm 浸入 0.5% 萘乙酸溶液 15～30 s 后插入苗床中，一般深度为插条的 1/3～1/2，株行距为 2 cm×5 cm，然后轻轻压实，以减少蒸腾，扦插叶片可剪去 1～2 片。插后结合浇水每亩用 80% 多菌灵 100 g 防止病菌侵染。苗床顶部用薄膜加草帘或遮阳网覆盖以便夜间保温，中午避免阳光直接照射，待长出新芽时适当通风透光，逐步锻炼幼苗对外界的适应能力，形成根系发达、茎叶健壮、色泽正常的壮苗，成活后带土移入大田（图 1.4）。

图 1.4　甜叶菊扦插繁殖

3. 压条繁殖

甜叶菊种兜分蘖力很强，一株老兜一年可分蘖繁殖小苗 50～100 株。其方法是：当甜叶菊种兜周围萌蘖出的小苗长到 10 cm 高时，将种兜挖起，然后将周围的萌蘖苗分开，将它们移栽到苗床上进行管理，等分蘖苗活棵长粗壮之后方可移栽至大田。分开小苗的种兜还需栽到原处，过十几天种兜下面还会再次萌蘖出小苗，这样可根据用苗的需要反复进行繁殖。

二、移　栽

适时移栽是甜叶菊获得高产的关键。移栽过晚，影响生长发育，一定要争取适时早栽，缩短栽期。起苗移栽前，先将苗床浇足水，移苗进田不要伤根、伤秆，随起随栽。采用坐水移栽和破墒干栽两种方法，坐水移栽缓苗快，土壤不板结，有利于植株生长，也可根据降雨量、土壤湿度适时干栽，做到不压心、不窝根、将土按实、不透风。

移栽一般以 5～7 对真叶、苗高 8～12 cm、根系生长发育良好的壮苗为宜。甜叶菊生长发育的最适温度 25～29 ℃，全年生育期需要积温为 2 400 ℃ 左右。大田移栽的气温要求日平均温度稳定在 12～15 ℃，地温达到 10 ℃ 以上不再有霜冻危害时进行。苗应带土移栽，移栽密度为 40 cm × 20 cm，栽植密度一般每亩种植 8 000～10 000 株。移栽前深耕整地，每亩施农家肥 1 500 kg，另外每亩施用 50 kg 的氮、磷、钾三元复合肥。移栽前要起垄整地，要求垄宽 50 cm，高 15 cm，垄间距 25 ~ 30 cm，每垄栽植两行。为了确保产量，移栽 3 ~ 5 d 后，要查田补苗以确保全苗。甜叶菊定植成活率在 95% 左右，一般移栽 10 d 后返青，缓苗后松土，保持土壤湿润（图 1.5）。

图 1.5　甜叶菊大田移栽

三、田间管理

1. 中耕除草及追肥

与农作物管理相同，因甜叶菊是浅根植物，中耕时注意不要伤根，第二次中耕时，同时进行追肥，离其根部 5 cm，以防烧根，随后覆土，以防肥效挥发。

田间追肥根据苗情和地力，结合浇水追施尿素 2 ~ 3 次，每次每亩施 5 ~ 8 kg 为宜。第一次在移栽后 15 d 左右；第二次是在出现第二次分枝时追施尿素，叶面喷施 0.2% 磷酸二氢钾；第三次在第二次分枝大量生长时，再追施尿素，叶面喷施 0.2% 磷酸二氢钾。收获前 10 d 停止使用氮肥，避免积水以防根系腐烂。

甜叶菊开花授粉阶段会消耗大量养分，这时及时加强管理很有必要，茎枝交叉过密，下边的叶片容易脱落，遇有急风暴雨全株容易倒伏，因此除了追肥、浇水外，还应结合中耕向根旁培土，注意田间排水，保持畦间通风透光，适当采摘下部的叶片。

2. 摘　心

甜叶菊具有顶端生长优势的特性，也有二次生长和再发生的能力。为了促进茎叶繁茂，增加产量，当株高达到 20 ~ 30 cm 时，采取轻度摘心技术，及时摘去主茎生长点，以促进侧芽生长、侧枝萌发和生长，增加分枝级次和叶数，使株型矮化、紧凑抗倒伏。

3. 越　冬

甜叶菊能耐 – 10 ℃ 的低温，但不能安全越冬，可在立冬前后选晴天挖出，假植，上覆 30 cm 左右的土保温越冬，第二年 3 月中旬分株栽入大田。

4. 病虫害防治

坚持"预防为主，综合防治"的原则，加强农业防治和化学防治的协调与配套，按照无公害农产品生产标准选择农药。注意：在甜叶菊收获前 20 d 应禁止一切用药。

（1）立枯病：多发于幼苗期。由于土质黏重，透气性差，加之排水不良而发病。病菌从茎基部侵入，茎秆上出现淡黄色病斑而后迅速扩大，由淡黄色转为黑褐色，受害部位凹陷，茎秆干缩，最后枯死。

防治方法：发病初期可用多菌灵 1 000 ~ 1 500 倍液喷雾或 50 倍液浇灌，也可用 70% 甲基托布津 1 200 倍液或 65% 代森锌 1 000 倍液喷雾，防止病菌蔓延；加强田间管理，如发现病株，应立即拔除，带出地外，深埋或烧毁，周围用 3：1 草木灰和生石灰混合粉处理病穴。

（2）白绢病：常发生在茎与土壤交界处，起初为暗褐色斑点，略凹，病株极易被风吹折，遇高温高湿，病斑表面产生许多白色绢状菌丝，扇形向外扩散，危及茎叶，严重时整片枯死。一般 4 ~ 5 月份降雨较多，土壤湿度过大，往往容易引发此病。

防治方法：发病初期可用 50% 多菌灵 1 000 倍液浇灌病区以控制病情蔓延；合理密植，注意田间通风透光；增施磷、钾肥，避免幼苗徒长；一旦发现病株，立即拔除，并在病穴周围撒施生石灰消毒。

（3）叶斑病：夏末秋初植株枝叶繁茂郁蔽，田间湿度过大，叶片接受不到阳光，引起病菌繁殖。发生初期叶部出现针尖大小茶褐色斑点，慢慢扩大形成角斑或圆形斑点。斑点周围呈黄化症状，逐渐扩展成流行病斑，叶表面或叶背出现肉眼可见的黑色小点，发病叶后期脱落，严重时整株枯死。7 ~ 10 月容易引发此病。

防治方法：发病初期可用 75% 百菌清 1 000 倍液，或 50% 乙基托布津 1 000 倍液，或 5% 代森铵 800 ~ 1 000 倍液，或 65% 代森锌 600 ~ 800 倍液，或 20% 苯莱特 800 ~ 1 000 倍液喷防，特别是留种田，要早防、严防；用抗病品种，最好实行轮作；加强田间管理，于 5 ~ 6 月间注意排积水，减少田间湿度，合理施肥，多施钾肥，控制氮肥，以提高植株抗病能力；收获后清园，处理残株，集中烧毁。

（4）花叶病毒病：受害植株节间缩短，株形矮小，腋芽有时丛生，叶片变小增厚，呈黄绿镶嵌状花叶。

防治方法：田间用20%病毒A可湿性粉剂500倍液，或1.5%植病灵乳剂1 000倍液，或25%病毒净500倍液喷防，并与氧化乐果等化学农药混用，兼治蚜虫，每隔7 d喷雾1次，连喷2～3次为宜；发现病株立即拔除，植株周围土壤用"阴阳灰"（即草木灰和新鲜粉状生石灰拌和而成）消毒；重病区以种植优质、高产、抗病品种为主，轻病区以轮作换茬为主，零星病区以铲除零星病株、病点为主，无病区以严格执行检疫措施为主。

（5）蚜虫的防治：用10%吡虫啉3 000～4 000倍液或40%乐果1 000倍液或50%抗蚜威150倍液喷雾。

（6）棉铃虫、玉米螟、甜菜夜蛾的防治：在幼虫1～2龄盛期用50%辛硫磷100倍液或15%杜邦安打3 000～4 000倍液进行喷雾。

（7）尺蠖（尺虫、造桥虫）的防治：主要伤害植株叶片和顶尖的嫩叶。可用40%氧化乐果1 000倍液，或10%吡虫啉1 500倍液喷雾防治；还可保护利用其天敌绒茧蜂。

（8）蛴螬的防治：在甜叶菊整个生育期均有发生，但为害最严重时期在6月上旬至7月上旬，伤害甜叶菊幼苗，将幼苗咬断或咬烂叶片。如不及时防治，会导致连片绝收。防治可采取冬耕灭虫，春耕时每亩施米乐尔2～3 kg。

（9）蝼蛄的防治：在甜叶菊整个生育期都有发生，但苗期为害严重，如不及时防治，会连片毁掉苗圃，可用90%敌百虫拌麦麸、炒熟的谷子等毒饵诱杀。

（10）地老虎的防治：定植前后为害极为严重。可用青菜叶切碎拌敌百虫诱杀，或在每天早上检查，发现有咬坏的幼株，可在根部土层内寻找捕杀。

四、收获及晾晒

甜叶菊种植密度大，中后期生长旺盛，下部叶片因通风透光差，容易变黄变质，因此，甜叶菊需分期摘老叶。在植株长到30～40 cm时就可将分枝下部的老叶分期摘下晒干，但一次不能采摘太多。

当全田有10%～20%的植株现蕾时收获，此时产量和含糖量最高。收割应在晴天上午进行，适量收割，收割时用锋利的枝剪剪取，留茬15～30 cm，以备种根再生新芽，保护宿根芽，为秋后育苗选择优质再生枝奠定基础。

收后应及时进行晾晒，力争当天晒干。晾晒在水泥场、芦席或帆布篷上进行，不宜堆放过厚，不要见露水，否则叶片变色，影响质量。晾晒过程中用叉拍打，抖落叶片或用手抓住植株摔落叶片，拣去茎枝，去掉杂质，晒干后装塑料袋内保存待售（图1.6）。叶片质量要求：叶干，水分含量不超过12%；叶片新鲜，色绿，无杂质和不夹杂茎秆；糖甙含量达8%以上。

图1.6　甜叶菊晾晒

五、留　种

甜叶菊种子很小，顶端又有冠毛，成熟的种子极易被风吹走，故要及时采收。留种面积小的，可用布袋或塑料袋，把口套在棵上摇，使种子掉入口袋内，留种面积大的，用纱布做成直径50 cm、深57 cm的网袋，最好每天收一次，最迟两天一次。收集到的种子，搓掉冠毛，扬去秕杂，精选晾干后放入冰箱保存。

甜叶菊母根贮藏可采用悬窖培土法，窖宽0.8～1 m，窖深1 m多，窖长视数量而定。将收起的甜叶菊根平放窖内，厚30 cm，用湿土盖平稍露根茬，使肉质根大部分接触土壤，可连续放2～3层。这种方法简单，省工省力，储藏量大，成活率一般在80%以上。

第三节　蛇瓜栽培技术

蛇瓜别名蛇丝瓜、蛇豆、长栝楼、龙豆角等，为葫芦科栝楼属一年生攀缘性草本植物，因其果形细长弯曲似蛇而得名。蛇瓜原产于印度、马来西亚，广泛分布于东南亚各国和澳大利亚，在西非、美洲热带和加勒比海等地也有栽培，我国只有零星栽培。近年来，蛇瓜在我国北方大部分地区栽培，面积逐年增大，成为调节我国夏秋淡季蔬菜市场供应的主要品种之一。

蛇瓜以嫩瓜供食，肉质松软，富含碳水化合物、维生素和矿物质，其特殊的气味（有一种轻微的臭味）煮熟以后则变为香味，微甘甜，性凉，入肺胃、大肠能清热化痰，润肺滑肠。蛇瓜的嫩茎叶可炒食、作汤，别具风味。种植期间少有病虫危害，可不施农药，是名副其实的无公害蔬菜，近年来已在特色餐馆、高档宾馆酒楼的餐桌上崭露头角。蛇瓜的瓜形奇特，观赏期可达 3 个月，是观光农业难得的好品种，它是我国近年来从国外引进的特种蔬菜新品种，具有较高的开发利用价值，是食用与观赏相结合的特种蔬菜品种。

蛇瓜喜温、耐湿热，肉质根，根系发达，在 15 ~ 40 ℃ 的温度条件下均能生长，最适宜的温度为 20 ~ 35 ℃，对土壤适应性强，黏、砂、黑壤、红壤、黄壤等土质均可栽培。蛇瓜的全生育期约 180 ~ 200 d。果实长条形，两端尖细，尾端常弯曲，横径 4 ~ 5 cm，长 2.5 m。

一、播种育苗

蛇瓜采用种子繁殖，一般在 3 月下旬至 4 月上旬采用阳畦营养钵育苗，4 月中旬后可露地直播。播前晒种 1 ~ 2 d，然后用 55 ~ 70 ℃ 热水搅拌烫种 3 min，至水温下降后换清水在室温下浸种 2 ~ 3 d，其间换水 3 次并在换水时搓洗掉种壳上的黏状物，待种子略软时用纱布包裹保湿，置于 30 ℃ 恒温箱或暖炕边催芽，3 d 左右出芽后即可播种。

营养土按园土 7 份，腐熟有机肥 3 份，或园土 5 份、草炭 2 份、腐熟有机肥 3 份配制，装钵后浇透水，每钵平放种子 1 粒，并盖 1 cm 厚的细土，搭小拱棚保温，出苗前白天温度保持 25 ~ 30 ℃，夜间温度保持 16 ~ 18 ℃。出苗后适当降温，幼苗 3 叶 1 心时即可定植，露地直播可催芽后于 4 月下旬或 5 月上旬足墒（浇足水）播种。

定植前整好地，施足基肥，每亩施腐熟有机肥 2 500 kg、磷肥 70 kg、钾肥 20 kg，零星种植应挖大穴，长、深各 80 cm，并施足肥，定植行距 80 ~ 200 cm、株距 50 ~ 80 cm，定植后浇足定根水。

二、田间管理

1. 肥水管理

成片种植蛇瓜，首先要施足底肥，亩施有机肥 3 000 ~ 4 000 kg、过磷酸钙 50 kg、复合肥 20 kg，然后起畦，畦宽 2 m。缓苗后施一次促苗肥水，以清粪水加少量尿素浇施，第一瓜坐稳后追施三元复合肥 25 kg，并浇水，以后每隔 10 d 左右施一次肥，在结瓜期要经常保持土壤湿润。

2. 搭架整枝

蛇瓜藤蔓发达，生长茂盛，分枝能力强，且瓜条较长，所以需要搭篱架或棚架，在植株开始抽蔓生长时搭架，露地栽培搭 2 m 高的"人"字二层架或平棚，温室栽培可吊绳。

当瓜蔓长超过 30 cm 时，要及时绑蔓、引蔓上架。蛇瓜连续坐果能力强，主蔓侧蔓都结瓜，但一般主蔓结瓜，瓜条大，畸形瓜少；侧蔓结瓜，瓜条小，畸形瓜多，所以可根据栽培方式及上市早晚适当修剪侧蔓。上市越早，栽培模式越精细的，侧蔓修剪越彻底，一般每株可留 2 ~ 3 根侧蔓，日光温室可将侧蔓全部剪去，只留主蔓结瓜。

整枝、摘心、打蔓要在晴天上午 10 时后无露水时进行。瓜蔓有 1 m 长时让其爬地生长并进行压蔓，压蔓前把 1 m 以下长出的侧蔓摘去，然后引蔓上架。主蔓不摘心，侧蔓可根据生长势留 1 ~ 2 根瓜后，在瓜前留 3 ~ 4 片叶摘心。绑蔓时注意将蔓叶理均匀，使瓜自然下垂。结过瓜的侧蔓要适当剪除，以利通风透气。

3. 中耕除草

搭架前进行一次中耕除草，中耕后喷施丁草胺可防杂草 1 ~ 2 个月，同时进行培土防露根。

4. 病虫害防治

蛇瓜由于全株具有特殊气味，因而很少受病虫危害。偶尔有潜叶蝇、小菜蛾和蚜虫发生，潜叶蝇可用 40% 氧化乐果 1 000 倍液，或 1.8% 爱福丁 1 500 倍液，或克蛾宝 800 倍液，蚜虫用 2.5% 敌杀死 3 000 倍液，小菜蛾用菜喜 1 000 倍液或乐斯本 1 000 倍液在产卵期或初发期喷雾防治，喷药应与采收期错开。作观赏用途的一般可用 50% 多菌灵 800 倍液，在苗期喷施 2 次，以防治立枯病。

三、采收留种

蛇瓜具有连续结瓜的特性，适时采摘，可使后结的瓜获得充足的养分，发育良好，畸形少。以采嫩瓜为主，一般定植后 30 d 开始采收，此时瓜的表皮微泛白，有光泽，过晚影响其食用价值及后面的坐果，瓜条的采收标准一般长 1.5 m 左右较合适。观赏用蛇瓜，一般不采收，使其老熟变红色，更具观赏价值。

采收时注意不要拿瓜的中间，以免折断，最好两个人配合，其中一人一手拿着瓜的顶部位置，一手用剪刀剪断瓜秧的连结处，再用拿着剪刀的手托住瓜的下部，双手送到另一个人，另一个人双手接着。每棵秧可结瓜 15～20 根，重量达 20～35 kg，每亩产量可达 4 500 kg 左右。

留种瓜应留主蔓第二瓜，选果形色泽好、粗大、无病虫的瓜条，当种瓜下端开始转橙红色时即可摘下，后熟 1～2 d，把种子掏出清洗晾干备用。

第四节　魔芋栽培技术

魔芋别名蛇头草、花秆莲、麻芋子，为天南星科魔芋属多年生草本植物。原产于东印度及斯里兰卡，现在热带及亚热带的亚洲国家普遍栽培，主要分布在亚洲的中国和日本。中国魔芋主要分布在中、西部的湖北、陕西、云南、贵州、四川等省的山区，云南和四川两省及长江中下游栽培较多。

魔芋是自然界能大量提供葡甘聚糖的经济作物，在食品工业、医药保健、纺织印染、石油化工等方面有着广阔的应用前景。近年来，随着改革开放和人们生活水平的提高，魔芋的潜在价值及其产品开发也越来越受到各级政府部门和众多消费者的重视和青睐，并且在我国中西部山区农业产业结构调整中，魔芋成为农村发展特色经济、农业增收、农民脱贫致富的重要产业。

魔芋主要生长在海拔 800 m 以上的山区和丘陵地带，魔芋在年均温 14～20 °C、无霜期 240 d 以上的地区都能种植。魔芋喜温暖、忌高温。18～20 °C 时，地上部生长旺盛；20～26 °C 时，最适根系发育；22～30 °C 时，有利于球茎膨大。生长期中能耐短期 35 °C 高温，15 °C 以下时停止生长，地上部倒伏。

一、繁殖方法

1.选地整地

魔芋种繁殖地应选择远离工厂，无城市污染的土层深厚、富含腐殖质、土质疏松、保水性强的偏酸性旱作土地。对选好的地块应深翻 25～30 cm 后，作成面宽 180 cm，畦沟宽 45 cm，畦沟深 10～15 cm，长度不限，然后整平畦面。4 月初在畦的两边及畦的两头各移栽 1 行株距为 25 cm 的良种玉米遮荫。然后在畦面距玉米 18 cm 处，按种芋大小确定株距开沟或挖穴播种。

2.芋种繁殖方法

魔芋的繁殖方法有种子繁殖、组织培养和地下茎（分芽块、主芽、根状茎、隐藏芽）繁殖三种。

（1）种子繁殖：选择 5 年或 6 年生的健壮、花芽饱满的魔芋块茎作种株。8 月份浆果成熟后采摘，采收的果实放在箩筐或孔隙度大的袋中，搓洗去掉果皮、果肉，然后洗去瘪粒，将沉在底下的饱满籽粒取出晾干。然后将 1 份种子与 5 份湿砂（湿度以能捏成团能散为宜）混合拌匀，再将砂种放入地窖或埋入坑内贮藏。第 2 年 3 月下旬，最迟 4 月中旬取出播种。在上述备好的畦面上按 11 cm×11 cm 行株距播种，第 2 年挖出按块茎大小分类播种。一般种子繁殖 3 年可长成 250～500 g，才能作商品栽培种用。

（2）小块茎繁殖：在采挖商品魔芋或种子繁殖第 3 年时，将 150 g 以下小块茎进行分类，将 50 g 以下分为第三类，60 ~ 100 g 为第二类，110 ~ 150 g 为第一类，50 g 以下的小块茎繁殖 3 年作栽培种用，二类小块茎繁殖 2 年作栽培种用。一类小块茎按行株距 13 cm×15 cm、二类小块茎按行株距 13 cm×11 cm、三类小块茎按行株距 13 cm×8 cm 播种。

（3）根状茎（芋鞭）繁殖：在采挖商品魔芋时，将无病害、顶芽饱满的根状茎按 13 cm×15 cm 的行株距，将顶芽竖起栽植，每穴 1 根。种源不足时也可将较长的根状茎切成 2 ~ 3 段，伤口用草木灰消毒后按 13 cm×13 cm 的行株距繁殖播种。

（4）分芽切块繁殖：如种源特别紧缺的情况下，将 500 ~ 1 300 g 的魔芋，按 600 g 以下球茎纵切分为 2 株；700 ~ 1 000 g 的纵切两刀均分为 3 株；1 100 ~ 1 300 g 的纵切三刀均分为 4 株；也可将商品球茎的主芽 5 cm 处用刀旋切取下。上述切块后随即用草木灰涂抹伤口以防感染，但草木灰不能接触芽眼。分切的芽块还要置通风条件好的室内，在 13 ~ 20 ℃ 的温度下催芽，待芽长 3 cm 时进行播种，可提早出苗 8 ~ 15 d。

3. 种魔芋的贮藏

（1）室内堆贮：将种芋堆放在干燥、通风透气的室内。堆放前，地面先铺一层细土或干草，既能保温，又可避免芋种与地面直接接触造成创伤（最好用农户的土地面）。堆放时注意顶芽朝上，避免损伤。可放三层，每层之间铺一层干细土或干草，最上面覆盖细土或干草保温。贮藏期间温度保持在 5 ~ 10 ℃。

（2）室外地下坑贮：在魔芋贮量较大时采用此法。选择通风向阳、地势高、不积水、不渗水的地方，挖 1 m 的地下坑，长度视贮量而定。地下坑要在冻土层以下，地下水位以上。坑底铺 8 ~ 10 cm 的干砂，在坑中心每隔 50 ~ 80 cm 竖放一束秸秆或一通气筒，然后一层魔芋一层干砂，最上一层要在冻土层以下 10 cm，上盖细砂与地面平，其上再盖干土，高出地面，留出气孔，然后搭盖一防雨棚即可。

（3）窖贮：用种量小的种植户可用贮藏薯类的地窖即可，贮前先用硫黄或来苏儿消毒，然后在窖底铺一层 15 cm 厚的干砂，然后一层芋种一层干砂层积，堆高 40 cm 左右，堆中放置一直径 25 cm 的通气筒，窖口半封，若在室外，在窖口需搭防雨水的小棚。

（4）种芋留地自然越冬：陕南及南方各地，可采用留地越冬。即在每年冬季把已成商品大种芋挖出加工或出售，小种芋留地越冬或进行冬栽。

二、种芋的选择与催芽

1. 选　种

芋种选择是生产上的关键措施之一。以芋鞭（根状茎）繁殖的种芋为最佳。种芋要求：口平、窝小、锥窝状、芋头型、形状整齐、表面光滑。选种时对有病疤和破损的，要剔除处理后，方可作种，防止"病从破口入"。对病芋切除病疤，破损芋切掉破损面，然后用生石灰涂抹伤口（图1.7）。

图 1.7　精选种芋

2. 种芋的消毒

选好的种芋应在晴天曝晒 2 d，再用 40% 的甲醛 200～250 倍液浸种 20～30 min，或用 1% 的硫酸铜水溶液浸种 5 min，也可用 0.2% 的高锰酸钾溶液浸种 10～15 min，或用 5%～10% 的清石灰水溶液浸种 5～15 min，晾干后即可播种。

3. 催　芽

在播种前 10～15 d，将芋种置于 15～20 ℃，空气相对湿度 75% 左右的条件下，在温室、温床、塑料大棚或地窖内进行催芽。要保持湿润，切忌失水。在生产中，一般消毒晾干后直接播种即可。

三、选地整地

魔芋喜肥怕瘦，喜湿怕渍，喜阴怕晒，喜凉怕热。宜种植在海拔 800～

1 400 m, 土层深厚肥沃, 通气性好的砂质土壤上, 以山间谷地、斜坡地最为适宜。应在冬前搞好土地深翻, 并每亩撒上 50 kg 生石灰调整土壤的 pH 值, 使 pH 值在 6~7 之间。

魔芋栽培应施足底肥, 施足底肥是魔芋块茎膨大的关键。魔芋施肥的原则是以农家肥为主, 以化肥为辅。底肥以农家肥为主, 一般每亩施 3 000~5 000 kg 充分腐熟的牛粪、猪粪。辅之以含磷、钾高的复合肥 75 kg 以上。种植时种芋和肥料必须用土隔离。

四、播　种

播种时, 气温要稳定在 14 ℃ 以上, 清明、谷雨前后播种为宜。播种密度因种芋大小而异, 一般情况为制种种芋在 50 g 以下, 密度为 20~25 cm×20~25 cm; 繁种种芋在 50~100 g, 密度为 30~45 cm×30~45 cm; 商品生产种芋在 250~750 g, 密度为 50~55 cm×55~60 cm, 种芋 200~250 g 的行株距以 40 cm×50 cm 为宜。采用大种芋当年每株产量可达 2 kg 左右, 所以栽植商品魔芋时最好选用 250~750 g 的种芋。

1. 垄　作

较平坦、地下水位高的地块, 采用垄作法栽植, 垄作既便于排水, 又利于魔芋球茎膨大。方法是: 按 50 cm 的行距开深 5 cm 的种植沟, 按 40 cm 的株距摆放种芋, 主芽向上, 每株种芋上面及周围施厩肥 2 kg、磷肥 0.1 kg, 由两边拢土作垄, 垄高 15~20 cm, 垄底宽 25 cm, 垄距 50 cm。

2. 穴　植

坡地多采用穴植, 种植时按 40 cm×40 cm 的株行距挖深 25 cm、宽 20 cm 的圆坑或鱼鳞坑, 在填覆的土中均匀拌入 30% 的完全腐熟的厩肥 2 kg 和 0.1 kg 磷肥。摆种前, 先回填一些肥土, 然后将主芽向上放在坑的中部, 上面覆土 10 cm。

3. 堆　植

土壤较黏重的平地采取堆植, 堆植可减轻土壤板结对魔芋球茎膨大形成的阻力, 促进增产。方法是: 按 40 cm×50 cm 的株行距种植, 将种芋主芽向

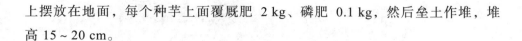

上摆放在地面，每个种芋上面覆厩肥 2 kg、磷肥 0.1 kg，然后垒土作堆，堆高 15～20 cm。

4. 沟　植

较平坦的河滩砂地适于沟植，方法是：按 50 cm 的行距开沟，沟深 20 cm，按 40 cm 的株距放种，主芽向上，每个种芽上覆厩肥 2 kg、磷肥 0.1 kg，最后覆土至地平面。

五、覆盖与遮荫

魔芋为半阴性植物，长时间强光照，则光合效率下降，容易引起叶片萎蔫、感染病害。地表覆盖是魔芋栽培管理中主要的栽培措施之一。一般荫蔽条件好的可少覆盖，反之多覆盖。在魔芋苗刚出土时，地面用杂草（秸秆、稻草、杂草及嫩树枝叶等）全园覆盖或株盘覆盖 5～10 cm 左右，创造田间小气候，保持土壤湿润和防止雨水冲刷，覆盖后有利魔芋植株根系发达，健壮生长，减轻病害发生。

遮荫的主要措施是间作，主要是以玉米、高粱等高秆作物为佳。也可搭凉棚遮荫，一般 6 月中旬搭棚 9 月上旬拆棚，也可用遮荫塑料网直接搭秆遮荫，最适荫蔽度为 40%～60%。

六、田间管理

1. 灌溉与松土除草

魔芋种植后半个月内不用灌水，以防球茎霉烂，以后根据土壤墒情（土壤含水量）适当灌溉。6～7 月份，幼苗出土至地下新球茎开始生长阶段应及时灌水，分墒后浅锄松土，清除杂草 3～4 次，使土壤处于疏松潮湿状态。8～9 月是球茎迅速生长期，根据天气状况灌水 5～6 次，有条件的地方可结合灌溉追施人粪尿 1～2 次，灌水后松土除草，但应严格掌握深度以免损伤球茎和根（图 1.8）。10 月后一般不宜松土除草，若过于干旱可适量灌水。

图1.8 魔芋松土除草

2. 追 肥

追肥分3次进行,第1次于5月底至6月上旬,魔芋开叉散叶时亩追尿素20 kg,开浅沟条施覆土;第2次于7月上、中旬,魔芋地下球茎进入膨大期,亩追硫酸钾复合肥25 kg,兑水泼施,结合培土;第3次于8月下旬,植株生长后期亩用磷酸二氢钾5 kg兑水进行叶面喷施。

七、病虫害防治

1. 病 害

(1)软腐病(也叫黑腐病):该病有两个明显的特征,即组织腐烂和有恶臭味。此病害在魔芋的生长期间容易引起倒苗,在贮藏期或播种后导致球茎腐烂。在叶上发病时,初生不规则暗绿色水渍状斑纹,继而使叶片组织软腐崩解,病菌可通过导管扩散到叶脉、小叶柄和主叶柄,使主叶柄一侧呈水渍状暗绿色的纵长条纹,随后组织进一步软化,条斑随即凹陷呈沟状,并溢出菌液,散发臭味,组织软腐,引起倒苗。还可以传到地下球茎发病,呈孔洞状腐烂,内部组织呈黏稠糊状,直至全部腐烂。被侵染的球茎,最初出现不规则水渍状、暗褐色的病斑,逐渐向球茎内部扩展,使白色组织变成黄褐色湿腐状,有大量菌液流出,有恶臭味,最后球茎变成黑色干腐的海绵状物。

防治方法:苗期预防用药可用一包丰灵兑水250 kg喷雾或灌淋,或用65%敌克松可湿性粉剂500倍液喷雾或灌淋;发现中心病株应及时挖除,防止病害扩展蔓延,发病初期及时拔除病株带出田外销毁,同时在病穴及周围撒一些生石灰，再用可杀得 500～700 倍液或敌克松 500～1 000 倍液每隔 7 d 喷 1 次，连喷 3～4 次为宜；增施钾肥，魔芋为喜钾作物，钾能使植株健壮，叶柄坚实，抗病性增强；轮作倒茬，魔芋与禾谷类作物轮作种植可以减少田间菌源，轮作周期一般为 3 年。

（2）白绢病：8～9 月份发病最重。发病部位主要在接近地表 1～2 cm 的叶柄基部。发病初期，叶柄基部近地表 2 cm 出现水渍状不规则暗褐色小斑点，然后逐渐变褐腐烂，呈流水状。3～5 d 即长出白色绢丝状菌丝，多为辐射状，边缘尤为明显，8～10 d 菌丝在叶柄基部扩展成一圈，新病部边缘呈半透明水渍状，旧病部组织逐渐软腐下凹而引起倒伏。在腐烂部位，可见其上布满有光泽的白色绢状物，呈放射状向四周延伸，逐渐变黄褐色，最后产生茶褐色油菜籽状的菌核，相当于油菜籽的 1/3 大。发病期间，植株从茎基部腐烂处折断并倒伏，倒伏后，碰到临近的植株造成新的危害。

防治方法：发病初期用 50% 的多菌灵 600 倍液于苗期泼浇基部，或用 50% 甲基托布津 500 倍液灌株，或用 75% 的代森铵 800～1 000 倍液灌施，或用井岗霉素每亩 100 g 兑水 60 kg 进行喷施，每隔 7 d 喷 1 次，连喷 3～5 次；种芋下种前用 50% 多菌灵可湿性粉剂 700 倍液浸种 30 min 或用 40% 的甲醛 500 倍液浸种 20 min，晾干后种植，也可用草木灰拌种放置 1～3 d 后下种；创造良好的遮荫条件，使荫蔽度在 60% 左右。

2. 虫　害

魔芋虫害主要有豆天蛾、甘薯天蛾、魔芋双线天蛾和斜纹夜蛾。它们都以幼虫在 6 月下旬至 9 月之间为害魔芋叶片。

防治方法：冬季耕翻土地消灭虫蛹；幼虫期进行人工捕捉；幼虫发生量大时可用乐果乳油 1 300～1 500 倍液或 2.5% 溴氰菊酯乳油 1 800 倍液喷雾。

八、采收贮藏

1. 采　收

北方地区需在 10 月下旬至 11 月上旬植株已开始枯萎时进行收挖。过早收挖干物质积累不充分，含水量高不耐贮藏，制干率低，品质较差；过迟遇霜冻或低温会使球茎冻伤。陕南及南方各地，冬季气温下降幅度小可一次采挖，也可随用随挖，一直延迟到第二年 3 月。

采挖时应选择在晴天和土壤墒情不大时进行。魔芋块茎入土较深，球茎较大，且质地疏脆，为了避免损伤，采挖时应距植株15 cm以外下锄，深挖20 cm，采挖小芋种时应距植株6 cm以外下锄。采收后应根据用途及时分级，500 g以上的可作为商品芋进行加工，若一时加工不了的，应晾干表面，置放于5～15 ℃通风、干燥的室内待用；500 g以下的贮藏作种。

2. 贮　藏

（1）室内架藏法：魔芋采收后，除去表面泥土，注意不要使表皮受伤，晾干表面装在竹筐或藤筐内，放于房内架上，房间温度应保持在5～10 ℃，贮藏过程中要经常打开房间门窗通风透气。

（2）室内砂藏法：此法要求在干燥、通风、透气性好的房间内，室温控制在5～10 ℃。贮藏时先在地上铺一层干砂或干的砂土混合物，然后一层魔芋一层砂土层放，最后在表面上覆砂土20 cm，砂藏高度一般40 cm左右。每隔80～100 cm可埋一根竹筒通气，以利魔芋呼吸。

（3）锯末保藏法：此法保藏魔芋必须使用干锯末，室温5～10 ℃。可装于纸箱内，纸箱四周开一些小圆通气孔，也可直接在室内用锯末埋藏。无论装箱或室内埋藏，都要先在下面铺一层锯末，然后一层魔芋一层锯末混合，使魔芋完全包裹于锯末中。在室内埋藏，高度不超过40 cm，以防挤压损伤或造成透气不良。

第五节　芦笋栽培技术

芦笋又名石刁柏、龙须菜，属百合科天门冬属的多年生宿根草本植物，通常以人工培植后采收的嫩茎为食。种植一次可连续收获10～15年，在管理好的基础上，寿命可达20年。

芦笋是世界十大名菜之一，在国际市场上享有"蔬菜之王"的美称。芦笋嫩茎质地细腻、风味独特、清香脆口、营养丰富，长期食用对人体许多疾病如心脏病、高血压、水肿、支气管炎以及癌症有很好的预防和治疗效果。因此近年来，芦笋无论在国际市场，还是在国内市场都十分紧俏、供不应求，备受广大消费者的青睐。目前，我国芦笋生产发展迅速，种植面积不断扩大，已成为我国一种具有广阔发展前景的特种蔬菜。

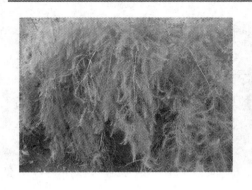 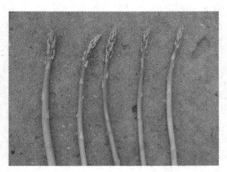

一、繁殖方法

1. 种子繁殖

目前，我国芦笋栽培主要是采用种子进行繁殖，可以育苗移栽，也可大田直播。直播用种量较大，而我国当前芦笋种子仍以国外进口较多，种子价格昂贵，成本高，再加上直播浪费种子，出苗率低，不易管理，培育壮苗困难，比育苗移栽的芦笋产量低，质量差，所以生产中多采用育苗移栽的方法。育苗移栽比大田直播苗床面积小，省种子，用工少，管理方便，出苗整齐，而且出苗率高，有利于病虫害的防治。

2. 分株繁殖

分株繁殖是通过优良丰产的种株，掘出根株，分割地下茎后，栽于大田。其优点是，植株间的性状一致、整齐，但费力费时，运输不便，极易伤根、伤芽，定植后的长势弱，产量低，寿命短，一般不宜采用，此法一般只作良种繁育栽培用。

二、育苗移栽

1. 播前准备

应选择土层深厚、土质疏松、保水保肥力强、排灌方便、富含有机质的微酸砂壤土为宜。选用抗病力强、产量高的美国阿伯罗、阿特拉斯和帝王等杂交一代品种。苗床应普施腐熟厩肥，整平成畦，畦宽 1.5 m 为宜。

2. 催芽播种

芦笋种皮有蜡质，一般播种前用 25 ~ 30 ℃温水浸种 2 ~ 3 d，每天换水 1 ~ 2 次，再放入 25 ~ 30 ℃温度下催芽，每天用温水淋种 2 ~ 3 次，经 5 ~ 7 d 露白后即可播种，以 3 月下旬至 4 月上旬播种最佳。每亩用种 1 kg 左右，播种时行距 40 ~ 45 cm，株距 7 ~ 10 cm。开沟单粒点播，深度 2 ~ 3 cm，播后覆土 3 cm，并盖上一层薄草，以增温保湿。

3. 苗床管理

出苗后及时揭去盖草，出苗 20 d 左右即苗高 10 cm 时，结合浇水，进行追肥，每隔 20 d 左右追 1 次，连追 2 ~ 3 次，以促苗早发稳长。后期要适当培土，防苗倒伏。苗龄 50 ~ 60 d，单株地上茎 3 条以上即可定植。

4. 移栽定植

定植 6 ~ 7 月份进行，开沟行距为 1.5 ~ 1.6 m，沟宽 40 ~ 50 cm，沟深 30 ~ 40 cm，沟内混合施入厩肥每亩 150 kg、过磷酸钙 40 kg、硫酸钾 20 kg，回填沟内 25 cm 厚，株距 30 cm，每亩定植 1 200 ~ 1 400 株。选择阴天下午进行移栽定植。移苗时尽量少伤根，每穴 1 株，将苗地下茎上着生鳞芽的一端必须顺沟朝同一方向排成一条直线，使以后抽生嫩芽的位置集中在畦中央，便于培土，将苗的肉质根均匀伸展，随即覆土 2 cm 轻镇压，浇水后再覆土 5 ~ 6 cm，待植株成活抽出新茎后结合中耕追肥再培土与畦面相平。

三、田间管理

1. 补　苗

定植后的幼苗，1 个月内一定要经常进行查苗补苗。因为幼苗定植后，全靠贮藏根提供养分萌发，约定植后 1 个月，新根才长出，从土壤中吸收养分供给幼苗生长。所以，定植后是否真正成活，需 4 周后才知道。一般不成活的，在定植后 20 多天开始枯死。补苗时要先挖穴，然后浇足底水，以利于幼苗成活。补栽幼苗仍要注意定向栽植，使其地下茎的发展方向要同成活苗一致，以便转入正常灌溉，确保丰产丰收。

2. 中耕除草

定植缓苗后随浇缓苗水每亩施尿素 7 kg，并注意中耕除草，一般 15～20 d 进行 1 次，中耕既可松土保育，又能提高土壤湿度，促进根部和嫩茎生长。中耕深度宜浅不宜深，以免伤地下茎、鳞芽和嫩茎。

3. 施　肥

5～7 月是地上部旺盛生长期，要满足肥水供应。6 月每亩追复合肥 20 kg；入秋后每亩追尿素 10 kg。追肥时离植株 30 cm 开沟施入，进入采笋期，在春季培土或幼芽萌发前施肥催芽，每亩用复合肥 15 kg，采收结束施复壮肥，使植株恢复生长，积累营养，为下一年采收打下良好基础。一般每亩施尿素 10 kg、过磷酸钙 25 kg、硫酸钾 10 kg、腐熟厩肥 2 000 kg，混匀后开沟施入。

4. 灌溉与排涝

在嫩芽采收期易发生干旱，应注意浇水使土壤含有充足水分，促使嫩芽生长快且粗壮、产量高、品质好。一般 10 d 左右浇 1 次水，追肥浇水相结合。7～8 月多雨季节要及时排水，可结合大田管理，将地面整平，并逐步加深畦沟，提高畦面，同时挖好排水沟，以便大雨后，雨水能迅速排出笋田，避免造成地内积水。笋田长期积水会使土壤中氧气缺乏，根系呼吸作用受到抑制，导致根系腐烂，甚至整株死亡。

5. 植株调整

芦笋为雌雄异株植物，为提高产量，减少营养消耗，可尽早摘花摘果。另外，在早春萌芽前将茎叶清理，集中焚毁，减轻病虫害发生。

此外，定植后第 2 年，芦笋抽生的地上茎增多，一般应全部保留，力求植株地上部旺盛生长，不可部分剪除。因为每株芦笋植株的母茎有一定数量，大约 10～15 个茎，当达到此数量时，嫩茎停止长出。若剪去一部分嫩茎，就会刺激根盘上的鳞芽继续萌发成嫩茎，消耗养分，伤害植株。只有在栽培管理条件特别好的情况下，才可适当采收少量嫩茎。

6. 培　土

一般在 3 月下旬，当 10 cm 地温达 10 ℃ 以上时培土为宜，培成垄底宽 50 cm，顶宽 30 cm，高 30 cm 的土垄，使嫩茎埋在下面 25～30 cm 处，做到土垄内松外紧，防止漏光和雨天坍塌，发现龟裂或露尖，应及时用细潮土埋好，为减少培土用工，也可用黑色薄膜，于4月初采用小拱棚覆盖，以达到避光的目的。

四、病虫害防治

1. 病　害

（1）根腐病：发病初期植株上部出现凋萎，基部褪绿发黄，以后黄叶逐渐增多，凋萎日趋严重，直至整株叶片发黄，发病至整株枯死的时间一般需20 d以上。地下部发病初期根毛和细根呈褐色干枯状，后期脱落，病株易拔起。

防治方法：发病初期可用70%甲基托布津1 000倍液，或50%多菌灵粉剂600～800倍液，或50%退菌特1 500倍液喷雾，每7～10 d喷1次，连喷2～3次；加强田间通风透光，减少病原菌累积；及时中耕除草，加强植株调整，清除枯死的主茎和部分侧枝；适时去顶，防止倒伏。

（2）灰霉病：主要发生在生长不良的小枝或幼笋上，开花期也易染病，新长出的嫩枝呈铁丝状弯曲，导致生长点变黑干枯，湿度大时，病部密生鼠状灰黑色霉，有时也为害茎基部，严重时会导致地上部枯死。

防治方法：发病初期用50%速克灵可湿性粉剂1 500倍液，或50%多菌灵可湿性粉剂500倍液喷雾，每7～10 d喷1次，连喷2～3次；田间操作过程中，切勿伤根，以免造成伤口感染病菌；合理安排采收期，以防病菌侵染，避免采收过度，造成植株生长衰弱，降低抗病能力。

（3）枯萎病：典型症状为根、茎基部腐烂和整株枯萎。发病初期茎基部变黄褐色，后转为深褐色，植株自下而上变黄，最后呈白色而死亡。病株明显矮化、扭曲。湿度大时茎秆基部表面密生粉红色霉层，病茎内呈褐色坏死，病根表面为褐色湿腐状。枯萎病多发生在灌水条件好、平畦栽培的园内，一般7月中下旬开始出现枯死病株，轻者在成簇健株中可见少数植株枯死，重者成簇、成片死亡。

防治方法：发病初期可用10%双效灵水剂200倍液，或5%治萎灵水剂200倍液，在植株根茎部及附近浇灌，每株灌药液300 ml，一般应灌2～3次；不选前茬为蔬菜、甘薯、果树、桑树的田块，也不宜选土壤黏重、地势低洼、靠近水田、地下水位高的田块，而应选择地势高，排水、通气好的微酸性壤土和砂壤土田块。

（4）炭疽病：该病主要为害茎，初为暗绿色水渍状小点，扩大后为圆形或椭圆形凹陷，变为暗褐色至黑褐色，外围有黑紫色晕圈，有时有同心轮纹，后期病部长出小黑点。

防治方法：发病初期喷洒 50% 甲基硫菌灵可湿性粉剂 800 倍液或 2% 农抗 120 水剂 200 倍液；应多施有机肥和磷钾肥，追肥要及时，使植株健壮生长，提高抗病力，发病高峰期（7～9月）不宜施重肥；平时应做好排水工作，特别是雨季，要保证根系不受涝渍影响。

（5）茎枯病：主要为害茎部。发病初期嫩茎上产生水渍状椭圆形小斑点，以后逐渐扩展成梭形或纺锤形斑，大小可达 1.5 cm 左右。病斑呈淡褐色或深褐色，中心部为灰褐色至黄白色，斑面散生黑色小点，若病斑环绕茎部 1 周，其上方的茎叶将迅速枯死。

防治方法：选择地势高燥、排水良好的地段栽培；清洁田园，割除病茎，烧毁或深埋病株；田间覆盖地膜，控制氮肥，防止生长过旺；发病初期可用 70% 甲基托布津 800～1 000 倍液，或 1∶1∶240 的波尔多液，或 50% 代森铵 1 000 倍液喷雾，每 7～10 d 喷 1 次，连喷 2～3 次。

（6）锈病：该病主要为害叶片及小枝。发病初期产生黄色或橙红色、略隆起小斑点状的病斑，表皮破裂后散出赤黄色粉状物。生长后期在病部产生椭圆形暗褐色病斑。发病严重时茎叶变黄枯死。

防治方法：采用抗病品种，如玛丽华盛顿、格兰德、阿特拉斯等；清洁田园，做好通风、排水工作；发病初期可用 75% 百菌清 800 倍液，或 50% 灭菌丹 800 倍液，也可用 20% 粉锈宁乳油 2 000 倍液喷雾防治。

（7）病毒病：该病在田间多不显症，或不明显。染病植株颜色浓淡不均匀，呈黄绿相间的斑驳状，有时皱缩不展，植株矮小。

防治方法：在发病初期，可喷施 1.5% 植病灵 1 000 倍液或 1.5% 高锰酸钾 1 000 倍溶液，同时用 10% 吡虫啉 2 500 倍液消灭传毒蚜虫，以减轻该病为害；播种前应对种子消毒，用 60 ℃ 热水浸种 30 min，或用 70% 甲基托布津 1 000 倍液或 50% 多菌灵 700 倍液浸种 24 h，可有效杀死病菌。

2. 虫　害

（1）甜菜夜蛾：该虫是芦笋上为害最严重的害虫。该虫分布区域广，在我国绝大部分省区都有发生，为害严重。

防治方法：铲除田边和田间杂草，切断食物链中的中间寄主；及时把握虫情动态，具体方法是在田间设置性诱剂诱杀并监测成虫动态，根据成虫动态及时到田间查卵，发现卵块后及时人工摘除，并在 2～3 d 内及时采取防治措施，可选用的药剂有苏云金杆菌可湿性粉剂 600 倍液、2.5% 菜喜悬浮剂 1 000 倍液、10% 除虫脲悬浮剂 2 000 倍液、20% 灭幼脲悬浮剂 2 000 倍液、5% 卡死克乳油 1 000 倍液、5% 抑太保乳油 2 000 倍液、15% 安打悬浮剂 3 500 倍液、90% 万灵可湿性粉剂 5 000 倍液、2.5% 功夫菊酯乳油 2 000 倍液，各种药剂交替使用，严格按照农药准则规定的安全间隔期用药。

（2）夜盗虫：夜盗虫是多种夜蛾科害虫的幼虫总称。为害芦笋的夜盗虫主要有斜纹夜蛾、银纹夜蛾和甘蓝夜蛾等。夜盗虫的成龄幼虫，除咬食芦笋的拟叶和嫩茎外，还伤害幼茎，并啃食老茎表皮，致使茎秆光秃，植株的同化器官遭受破坏，同化物减少，造成次年减产。

防治方法：为了减少和控制幼虫盛发，可用黑光灯或糖醋（糖醋液配方为：以重量计算红糖 2 份、水 1 份、醋 1 份、白酒 1 份、90% 敌百虫 0.06 份）毒饵诱杀成虫，每亩晚上放 1 盆，白天收回，5 d 换 1 次诱液；90% 敌百虫 800 ~ 1 000 倍液喷洒，50% 辛硫磷乳油 1 000 倍液或 40% 氧化乐果乳油 1 000 ~ 1 500 倍液喷雾防治。

（3）蝼蛄：该虫对芦笋苗床的为害特别严重，在苗床中到处开掘隧道，吃掉种子，并咬断幼茎及根系。幼苗定植后，由于蝼蛄的为害，往往造成缺苗断垄。蝼蛄还常咬食采收中的幼笋和根部，严重影响芦笋的产量和品质。

防治方法：在成虫活动期间，采用黑光灯或糖醋（糖醋液配方同夜盗虫）毒饵进行诱杀；育苗时，结合苗床整理，每亩用 3% 呋喃丹微粒剂 1 kg，拌细砂 7.5 kg 撒施在苗床内；定植前，每亩用 3% 辛硫磷颗粒剂 0.1 kg 拌细砂 0.3 kg，撒施在定植沟内；幼苗生长或采笋期间，若发现蝼蛄为害，可用 90% 敌百虫 800 ~ 1 000 倍液或 80% 敌敌畏 800 ~ 1 000 倍液顺垄喷洒进行防治。

（4）蛴螬：俗称大蚜虫、地漏子等，它的成虫是金龟子。幼虫主要咬食芦笋幼苗的根茎及根盘，使植株萎蔫枯死。成虫主要为害芦笋的茎、叶和花。该虫的为害时间长，芦笋的整个生长期都受其为害。

防治方法：在幼虫为害盛期灌水灭虫，可结合灌溉让芦笋田间内短期积水；芦笋定植前，结合耕地每亩撒施 3% 辛硫磷颗粒剂 1 ~ 1.5 kg；定植后的大田可结合培垄每亩施 3% 的辛硫磷 0.5 kg；在成虫为害盛期，可用 50% 辛硫磷乳剂 1 000 倍液或 40% 氧化乐果乳油 2 000 倍液喷洒。

（5）地老虎：又称切根虫、土蚕，是为害芦笋的主要害虫之一。主要以幼虫为害刚出土的芦笋幼苗，时常将咬断的幼苗拖入穴中，造成缺苗断垄。还常在近地面的茎部蛀孔为害，使地上茎枯死或形成空心苗，并咬食芦笋幼嫩茎。

防治方法：清除笋田周围杂草，减少寄居场所；可用 3% 辛硫磷颗粒剂、2.5% 敌百虫粉、40% 甲胺磷乳油、2.5% 敌杀死乳油等进行药剂防治。

（6）蓟马：是一种刺吸性害虫，为害芦笋的主要是花蓟马和烟蓟马。以成虫或若虫为害芦笋的叶片、花瓣、嫩茎及笋尖、鳞片等。主要是吸食嫩茎汁液，导致嫩茎发育不良，影响品质。严重时植株丛矮，嫩茎、笋尖弯曲、畸形。

防治方法：40% 氧化乐果 1 000 倍液、25% 杀虫双 500 倍液、50% 二氯松乳剂 1 500 倍液喷雾，每隔 7 d 喷 1 次，连喷 2～3 次；适时浇水，防止干旱；春季清除笋田周围杂草，减少寄主植物上的虫源。

（7）蚜虫（腻虫）：该虫主要为害芦笋的嫩枝，为害严重时，株丛萎缩，呈丛状，嫩茎生长受阻，地上部发育不良，严重影响下一年产量及品质。

防治方法：蚜虫的具体防治方法同蓟马。

（8）种蝇：幼虫俗称地蛆、根蛆、菜蛆等。该虫主要以幼虫进行为害，蛀食芦笋的贮藏根及鳞芽群，也时常蛀入嫩茎，使嫩茎变形，甚至发黄枯死，影响嫩茎产量及品质。

防治方法：施用有机肥，一定要充分腐熟，并开沟追施；培垄前及采笋期间追肥时尽量不施用有机肥；为了防止幼虫为害，可在培垄前用 1～1.5 kg 的 2.5% 敌百虫粉或 3% 辛硫磷颗粒剂兑土沿笋丛撒施；在幼虫为害盛期，可用 40% 氧化乐果乳剂 2 000 倍液，或 50% 辛硫磷乳剂 2 000 倍液或 90% 敌百虫 1 200 倍液浇灌。

（9）棉铃虫：主要以幼虫啃食芦笋嫩茎表皮，并钻至茎秆，严重时常将茎表皮啃光，植株的同化器官遭受损失，养分积累减少，影响下一年产量和品质。

防治方法：诱杀成虫；棉铃虫成虫对黑光灯及杨树、槐树、柳树等发出的清香味趋性较强，可利用其趋性进行诱杀；及时而均匀地喷药如 50% 辛硫磷乳油、20% 喹硫磷乳油、35% 棉铃丹乳油及棉铃宝等。

五、采　收

1. 采笋期

芦笋嫩茎抽生的速度和质量，在白天气温 20～30 ℃，夜间温度 23～25 ℃的季节最好。但因各地气候条件和地域差异，采笋季节也有所不同。总的来说，我国南方地区无霜期长，年生长期也长，每年有春、秋两个采笋季节。春季采收一般从 3 月下旬至 6 月下旬；秋季采收一般从 8 月中旬至 10 月中旬。我国北方地区也采用一年两季采笋，华北各地春季采收一般从 4 月上中旬开始，夏季留母茎也可采收绿芦笋。

采笋持续日期，依植株年龄、气候、土质、施肥管理等条件而异。当出笋数量减少并变细弱时，必须停止采收。采收期过分延长，则绿色茎枝的生长日期被缩短，养分的制造和积累减少，影响第二年嫩茎的产量。一般第 1 年采收期以 20 ~ 30 d 为宜，第 2 年采收期 30 ~ 40 d 为宜，以后可延长到 60 d 左右。采收结束应给植株留 90 d 以上的恢复生长时间。

2. 采 笋

应在日出前进行，防止阳光着色影响品质，采收时在龟裂处扒开表土，用手轻捏笋尖下 3 cm 处，用笋刀于近地下茎处割断，每次将达到标准高度的所有嫩茎一次采收，防止劣笋消耗养分，采收完毕后将土重新培好（图 1.9）。采笋季节过后，应尽快扒开垄土，恢复原状，防止退垄土不彻底而抬高芦笋地下茎的位置，影响产品质量，退土后割除外露的所有嫩茎。若不全部割除，则遗留的嫩茎继续生长会消耗养分，影响产量。

图 1.9　采笋

3. 采收期管理

早春解冻后应及时清除芦笋地的残枝落叶，拔除越冬母茎，对芦笋田病害较重的地块进行土壤消毒，清园后及时松土，培土做垄，垄高 25 ~ 30 cm。为减少空心笋的比例，培垄后可覆盖地膜提高土温，做到盖膜采笋。当 20 cm 地温超过 23 ℃ 时揭去地膜。

采笋工作结束后，立即撤垄施肥，促使嫩茎形成植株并旺盛生长。撤垄时不要伤鳞茎盘，并选择无雨天进行，以免遇大雨伤芦笋根茎造成植株死亡。一般每亩施有机肥 5 000 kg、复合肥 40 kg。8 月中旬，成龄芦笋再追 1 次肥，每亩施复合肥 50 kg、钾肥 10 kg。

药用特种经济作物

第一节　金银花栽培技术

金银花又名双花、忍冬花、二宝花等，属忍冬科忍冬属多年生丛生落叶灌木，为常用中药，以未开放的花蕾和藤叶入药，具有清热解毒、散风消肿的功能，主治风热感冒、咽喉肿痛等症。

金银花具有生长快、寿命长、根系发达、耐干旱、耐瘠薄、抗寒能力强等特点，平原、山区均能栽培，对土壤要求不严。因此，金银花栽培分布范围较广，全国各地均有种植。主产于山东、河南、湖南等省，以山东产的品质为最佳。在山区瘠薄土地上发展金银花生产，不仅可以获得显著的经济效益，而且还可以起到控制水土流失的效果。

金银花广泛的药用价值和保健用途给生产者带来巨大的经济效益，也是目前农业产业发展中前景最为广阔的品种之一。金银花也可以不经过加工，烘晒成干品直接出口创汇，中国每年出口金银花创汇达数千万美元。

一、繁育技术

首先要选择优良品种作母株，用播种、扦插、压条、分株繁殖均可，以扦插为主。

1. 播种育苗

金银花浆果 8～10 月成熟，11 月采摘。采摘后将种子放在清水中揉搓，漂去果皮、秕粒及杂质，捞出沉入水底的饱满种子，晾干贮藏备用。种子贮藏方法有两种，分别是混砂贮藏和干藏。

（1）砂藏法：选择土质疏松、地势高燥的地方，挖深、宽各 80 cm，长度视种量而定的沟。沟底先铺一层 10 cm 厚的湿砂，中间插一把秸秆通气，若种子多时，适宜多插几把。将种子和砂按 1∶3 的比例混合堆放在沟内，砂的湿度以手握成团不出水，松手一触即散为宜。距地面 20 cm 左右再覆一层细砂，后覆少许土，最后用木板、草席封盖沟面。种子不多时，可将种子混砂后装入木箱或竹筐内再埋在沟内，木箱四周要钻一些小孔，以利通气。贮藏期间要定时检查，以防种子霉烂，待种子露白时即可播种。

（2）干藏法：将晾好的种子用袋子装好放在低温、干燥的通风室内，第 2 年春季播种前将种子放在 30 ~ 50 ℃温水中浸泡 24 h，捞出后混湿砂催芽，待 1/3 种子露白时即可播种。

播种采用条播或撒播。播种前整地施肥后做畦浇水，条播行距以 15 cm 为宜，开沟播种，每亩用种量约 1 ~ 1.5 kg，播后盖 3 cm 厚的土或覆 1.5 cm 厚的细砂或锯末，压实，约 10 ~ 15 d 即可出苗。苗期要加强田间管理，当小苗长高至 15 cm 时进行摘心，使其萌发侧枝，当年苗高可达 40 ~ 60 cm，第 2 年春夏或雨季即可起苗栽植。

2. 扦插育苗

在实际生产中多采用此法。金银花藤茎生长季节（春、夏、秋）均可进行扦插繁殖，以雨季最好（图 2.1）。

图 2.1　金银花扦插

（1）春季扦插：冬季选 1 ~ 2 年生粗壮枝条剪下做插穗，穗长 12 ~ 15 cm，有 3 对以上的腋芽，剪成插穗，每 100 ~ 200 枝为一捆，用湿砂窖藏（方法同种子贮藏法）至第二年 3 月下旬整地扦插，整地后做畦开沟，沟深 15 cm 左右，行距 15 ~ 20 cm，将贮藏的插穗取出排放于沟内埋土蹲实、灌水，20 d 左右便可萌动出芽，出芽前要适当遮荫，出芽后应及时松土除草、追肥，根据旱情适当浇水。苗高 15~20 cm 时摘心，当年苗高可达 60~80 cm。

（2）夏秋扦插：是在第一茬花采摘后（6月份）或二茬花（7~8月份）采摘后，选取生长健壮的枝条，截成长 10~15 cm 的插穗，去除下部枝叶，仅留上部一对叶，每 100 支插穗捆成一捆，放入干净流水中浸泡 12 h，如无流水时可放清水中浸泡下半部，期间换水 2~3 次，浸泡后取出插到做好的苗床内，要遮荫 50%，15 d 左右便可萌动。扦插育苗时当年冬季要注意防寒，第 2 年春季和雨季即可定植。

3. 压条育苗

压条育苗春、夏、秋三季均可进行。修剪时有意留下基部 1 年生枝条，在枝条下挖 10 cm 深的坑，将枝条弯曲压入坑中，埋土踏实，枝条长可连续压埋，使枝条尖露出地面，待长出新根再将其分段截离母体进行移栽。

二、田间管理

1. 中耕除草

栽植后的第 1、2、3 年每年中耕除草 3 次，发出新叶时进行第一次，7~8月进行第二次，最后一次在秋末冬初霜冻前进行。从第 3 年起，只在早春和秋末冬初各进行 1 次除草工作，使花墩周围没有杂草，以利其生长。每年春季 2~3 月和秋后封冻前，要进行中耕松土、培土工作。中耕时，距离株丛远处稍深，近处宜浅，以免伤根，影响植株生长。

2. 追 肥

每次中耕后，施肥 1 次，春夏季肥料以人畜粪水、油饼、氮素化肥为主，秋冬季以堆肥、过磷酸钙为主。在株丛周围开环形沟施，施后盖土。施肥的数量可根据花墩的大小而定。多年生的大花墩，每墩可施土杂肥 5~6 kg，化肥 50~100 g，小花墩可酌情少施些。每次采花后，最好追肥 1 次，以尿素为主，以增加采花次数。

3. 设立支架

对藤蔓细长的品种，可搭设 1.7 m 高的篱状支架，让蔓茎缠绕架上，以便枝条分布均匀，生长良好。

4. 越冬保护

在北方寒冷地区种植金银花，要保护老枝条越冬。老枝条若被冻死，第二年重发的新枝开花少，产量降低。一般在土地封冻前，将老枝平卧于地上，上盖蒿草 6～7 cm，草上再覆盖泥土，这样就能安全越冬。第二年春天萌发前，去掉覆盖物。

三、整枝修剪

修剪可以控制枝条过分生长，并促进萌发短花枝，提高产量，便于管理。若任其生长，由于枝叶繁茂，通风透光不好，以致叶子发黄脱落，开花部位大都只在株丛外，枝条虽多，着生花朵少，产量不高。修剪应于冬季或早春未发新叶前进行。

生长 1～2 年的金银花植株，藤茎生长不规则，杂乱无章，需要修枝整形，有利于树冠的生长和开花。具体整形修剪方法：栽后 1～2 年内主要培育直立粗壮的主干。当主干高度在 30～40 cm 时，剪去顶梢，促进侧芽萌发成枝。第二年春季萌发后，在主干上部选留粗壮枝条 4～5 个，作主枝，分两层着生，从主枝上长出的一级分枝中保留 5～6 对芽，剪去上部顶芽。以后再从一级分枝上长出的二级分枝中保留 6～7 对芽，再从二级分枝上长出的花枝中摘去勾状形的嫩梢。通过这样整形修剪的金银花植株由原来的缠绕生长变成枝条分明、分布均匀、通风透光、主干粗壮直立的伞房形灌木状花墩，有利于花枝的形成，多长出花蕾。金银花的修枝整形对提高产量影响很大，一般可提高产量50% 以上。

四、病虫害防治

1. 病　害

（1）褐斑病（也叫叶斑病）：5～7 月发生。发病后，叶片上病斑呈圆形或椭圆形，初期水渍状，边缘紫褐色，中间黄褐色，潮湿时叶背面病斑中生有灰色霉状物，靠叶边、叶尖病斑较多。

防治方法：清除病枝落叶，减少病源；加强栽培管理，增施有机肥，增强抗病力；用 1∶1∶200 的波尔多液或 65% 代森锌可湿性粉剂 400～500 倍液，或 5% 菌毒清水剂 1 000 倍液喷雾，每隔 7 ~ 10 d 喷 1 次，连喷 3 ~ 4 次，有较好的防治效果。由于病害由下而上蔓延，所以第 1、2 次喷药要重点防治下部叶片。

（2）白粉病：主要为害叶片，有时也为害茎和花，叶病斑初为白色小点，后扩展为白色粉状斑，后期整叶布满白粉层，严重时发黄变形甚至落叶；茎部病斑不规则呈褐色，上生有白粉，花扭曲，严重时脱落。

防治方法：发病初期喷施粉锈宁 1 500 倍液或 50% 甲基托布津 1 000 倍液，每隔 7 ~ 10 d 喷 1 次，连喷 2 ~ 3 次；合理密植，整形修剪，改善通风透光条件，增施有机肥，可增强抗病能力；选用枝粗节密短、叶片深绿而质厚、密生绒毛抗病力强的品种。

（3）根腐病：主要为害金银花输导组织，造成枝条、叶片枯萎死亡，最后导致整个植株枯黄死亡。病菌通过土壤和灌溉水传播，由地下害虫造成的伤口侵入植株根部，然后向地上部蔓延。一般 6 ~ 7 月份高温多雨发病严重。

防治方法：在发病初期，用 50% 多菌灵可湿性粉剂 800 ~ 1 000 倍液，或 50% 甲基托布津 1 000 倍液喷雾防治，每隔 15 d 喷 1 次，连喷 3 ~ 4 次。

（4）炭疽病：苗期、成株期均可发病，苗期发病引起猝倒或顶枯。成株期发病主要为害叶、叶柄、茎及花果。叶片染病初生圆形或近圆形黄褐色病斑，边缘红褐色明显，后期病部易破裂穿孔。叶柄和茎染病生梭形黄褐色凹陷斑，造成叶柄盘曲或茎部扭曲，为害茎基造成成株倒伏或根茎腐烂。花梗、花盘染病，出现花干籽干现象。果实染病也生近圆形黄色凹陷斑，造成果实变色腐烂。

防治方法：采用配方施肥技术，施足腐熟有机肥，增施磷钾肥，提高抗病性；种子处理，用 43% 甲醛 150 倍液浸泡种子 10 min，脱去软果皮后，用 75% 甲基托布津 400 倍液与 45% 代森锌可湿性粉剂 200 倍液按 1∶1 混合后浸种 2 h，防效极优。

2. 虫 害

（1）蚜虫：4 ~ 5 月发生，可导致叶和花蕾卷缩，枝条停止发育，造成金银花严重减产。

防治方法：从发芽时开始喷 40% 乐果乳油 800 ~ 1 500 倍或 80% 敌敌畏乳油 2 000 倍液 2 ~ 3 次；虫害严重者，可适当增加喷药次数和连续喷药，但采花前 15 ~ 20 d，应停止施药，以免影响花的质量。

（2）蛴螬：主要为害植株的根部，严重时将根全部吃光。蛴螬通常在春季和夏末秋初为害，尤其小雨连绵的天气，为害十分严重。

防治方法：用 25% 辛硫磷微胶囊 200～300 倍液或 90% 敌百虫 800～1 000 倍液浇灌受害植株的根部；成虫的防治可喷 80% 敌敌畏乳油、50% 马拉硫磷乳油、50% 辛硫磷乳油 1 000～1 500 倍液。

（3）银花叶蜂：4～9 月发生，咬食叶片呈缺刻，为害严重时，影响产量。

防治方法：用 90% 敌百虫 1 000 倍液或 25% 速灭菊酯 1 000 倍液喷杀，开花时禁用；发生数量较大时，可于冬、春季在树下挖虫茧，以减少越冬虫源。

（4）棉铃虫：主要为害嫩叶、花蕾，每年 7～9 月为害严重。

防治方法：在棉铃虫卵孵化高峰期喷施苏云金杆菌乳剂 400～500 倍液，每隔 2 d 喷 1 次，连喷 3 次。

（5）红蜘蛛：该虫主要为害金银花叶片使受害叶片失绿呈灰黄色斑点，造成叶片枯焦及提早落叶，被害嫩芽、花蕾发黄枯焦，不能展叶开花。6～7 月份高温干旱时为害严重。

防治方法：在早春发芽前，用晶体石硫合剂 50～100 倍液喷枝干，以消灭越冬螨；生长期药剂防治，在金银花第一茬花前、花后至麦收前后两个关键时期进行防治，药剂可选用：1.8% 阿维菌乳油 5 000～8 000 倍液，15% 扫螨净乳油 1 500～2 000 倍液，5% 卡死克乳油 1 000 倍液，或 73% 克螨特乳油 200 倍液。

五、采收加工及贮藏

1. 采 收

栽后第三年开始开花，金银花的开放时间很集中，必须及时采摘。一般每年开花两次，以第一次 5～6 月开花最多，第二次 8～9 月较少。适时采摘是提高金银花产量和质量的关键之一，采花时间最好选晴天从黎明至上午 9 时前。采摘时必须掌握每朵花的发育程度，在花蕾由绿变白，上白下绿，顶端膨胀，将开未开即"大白针，二白花"时最佳。如果在花蕾尚呈绿色或花已开放时采收，则干燥率低，干后花色不好，品质下降。

采摘金银花的盛器必须通风透气，一般使用竹篮或条筐，不能用书包、提包或塑料袋，以防采摘下来的花蕾蒸发的水分不易挥发再浸湿花蕾，水分不易散失而发热发霉变黑等。采收时只采成熟花蕾和接近成熟的花蕾，不带幼蕾，不带叶子，采摘的花蕾均轻轻放入盛具内，要做到"轻摘、轻握、轻放"（图 2.2）。

适时采收的花，一般 4 kg 可晒干花 1 kg。培植 5～6 年的植株，每年每株约可产干花 250～500 g。

图 2.2　采摘金银花

2. 加　工

金银花采摘后，需及时干燥，短时间堆放会引起变色或霉坏。合理加工是保证金银花产量和质量的重要措施。

（1）晒干：晒干时一般选择太阳照射时间最长的地方，将当天采摘的花蕾均匀地铺在竹席或石板上，薄薄地摊上一层，撒花的厚度视阳光的强弱而定，一般 4～5 cm，晒到八成干时，才能翻动，争取当天晒干（图 2.3）。晒时摊得过厚干燥慢，或过早翻动，都会引起花色变黑，降低其质量。如果当天未晒干，应连盛具移入室内，次日再晒，直到晒干为止。如遇连续阴雨天不能晾晒时，可将采下的花用硫黄熏蒸一下，5 d 内再晒不会霉变。熏蒸方法如下：将鲜花置密闭的容器内，每 100 kg 鲜花用硫黄 1 kg，将硫黄放在容器内点燃 10～12 h。

图 2.3　金银花晾晒

（2）烘干：在烘干房内进行。烘干房约 30 m^2，房内修火道，房顶留烟囱和天窗，离地面 30 cm 左右的墙上，留相对的通气孔 2～3 对，便于散发潮气，房内搭木架供盛花盘一层层放置（图 2.4）。烘花前先将烘干房加温，然后把天窗和出气孔封死。鲜花放入烘干房，初烘时温度一般在 30～35 ℃，2 h 后提高到 40 ℃ 左右，当鲜花开始排水汽时，可打开天窗和一部分排气孔，当房内温度保持 45～50 ℃ 潮气增大时，再打开全部排气孔，使水汽迅速排出。如果温度不够，可将一部分气孔堵死，等房内潮气大时再打开。10 h 后，鲜花水汽大部分蒸发，室内温度可提高到 55 ℃，使金银花迅速干燥。烘干时要注意：温度要适当，通风设备良好，不断检查调换花盘，以防烘干的干湿不匀，同晒干一样，花盘上的鲜花未干时不可翻动，否则同样变黑，要有防火设备，确保安全。有条件的可用烘干机烘烤金银花，可提高产品质量和一等出花率。

金银花以身干，无枝秆、整叶，无虫，无霉变、焦煳，碎叶不超过 3% 为合格；以花蕾多，色淡，气味清香者为佳。

图 2.4　金银花烘烤

3. 贮　存

金银花应存放在干燥阴凉处（温度低于 30 ℃，相对湿度低于 70% 最好），防潮、避光，防变色、防生虫、防生霉。如发现已吸潮生霉的，应及时进行干燥处理或吸潮养护。金银花存放一年以上就会变色。因此，要掌握先进先出的原则，包装如有破损应立即修补完整。

第二节　当归栽培技术

当归别名秦归、西当归、云归，属伞形科当归属多年生草本植物。当归以根入药，为我国一味主要中药，药用历史悠久，素有"十方九归"之称。具有活血补血，调经止痛，治贫血，月经不调，闭经，痛经，崩漏，产后腹痛，血虚便秘，跌打损伤的功效。原产于我国甘肃、陕西、四川、湖北、云南、贵州等省。四川省阿坝、绵阳、雅安及凉山等地州市均有栽培，以南坪、平武、北川、巫山、巫溪、宝兴、越西等县居多。

当归宜栽培在气候寒凉、湿润、海拔在 1 500～3 000 m、云雾较多、空气湿度较大的山区。土壤以微酸性和中性为宜，以土层深厚、疏松、排水良好、肥沃富含有机质的砂质土壤为好。育苗时不宜阳光直射，以选半阴半阳的北向缓坡地为宜。移栽则宜选背风向阳的地方，低洼积水或易板结的黏土和贫瘠的砂质土不宜栽种。忌连作，必须轮歇 3 年以上才能再种植当归。新开垦的荒地，最好先种 2 年农作物再种当归。

当归为我国大宗中药材，市场需求量大。当归也是我国的传统出口商品，尤以"岷归"（甘肃"岷县当归"的简称，2001 年甘肃岷县被命名为"中国当归之乡"）为最，在国际上享有很高声誉，每年为我国创很多外汇收入。随着中医药事业的发展以及当归深度开发研究的推动，当归需求量不断增多，种植前景将会更加广阔。

一、种子繁殖

1. 直　播

播种期应根据各地自然条件、海拔高度及气温情况而定。海拔高（1 700 m以上）、气温低的地区，可于大暑至立秋间（7 月下旬至 8 月上旬）播种；海拔低（1 700 m 以下）、气温稍高的地区，可在立秋后至白露前（8 月中旬至 9 月上旬）播种。播种期要严格掌握，不能过早，否则苗期长，苗子大，早期抽薹率高。

当归种植应选用适度成熟的种子，即种子呈粉白色时采收的种子。老熟种子较饱满，播后生长旺盛，含糖高，易抽薹，所以不宜选用。播种前可用 30 ℃ 左右的温水浸种 24 h，条播、点播均可。条播的在整好的畦面上开横沟，沟心距 30 cm，沟深 5 cm，沟底宜平，每亩用种量 1～1.5 kg。点播的在畦面上以穴距 27 cm 梅花形挖穴，穴深 3～5 cm，穴底宜平，每穴下种 3～5 粒，每亩用种量 0.5～1 kg，然后覆细土 1～2 cm，最后在沟中或穴中覆盖薄层短草或松毛，以利保湿。

2. 育苗移栽

选择半阴半阳的北向缓坡地，播前整地作畦。于 3 月底至 4 月初或 7 月中旬育苗。采用条播育苗，便于管理，也可撒播。条播的在整好的畦上按行距 15～20 cm 横畦开沟，沟深 3 cm 左右，将种子均匀撒入沟内，覆土 1～2 cm，整平畦面，盖草保湿遮光。播种量每亩 4～5 kg，一般播后 10～15 d 出苗，苗高 1～2 cm 时揭去覆盖物，并拔除杂草。结合除草进行间苗，保持 1 cm 的株距。

3～4 月份育苗的当年 6 月份移栽；7 月份育苗的在第 2 年 3 月份移栽。移栽株行距 20 cm × 20 cm，每穴栽苗 2～3 株，每亩移栽 1.2～1.8 万株。栽后填土压紧，然后覆盖细土，盖过苗根茎 2～3 cm 即可。

二、选　地

当归忌连作，一般同一块地要间隔 3 年以上才能栽培当归。研究表明，没有栽培过当归的地最好，其当归产量高，但随轮作间隔期的缩短，产量在逐年下降。可见，当归的年产量与选地有着直接的关系。

育苗地可选择阴凉潮湿的生荒地或二荒地，高山选半阴半阳坡，土壤以肥沃疏松、富含腐殖质的中性或微酸性砂壤土为宜。生荒地育苗一般在 4～5 月开荒，先将灌木杂草砍除，晒干后堆起，点火烧制熏肥，随后深翻土地 20～25 cm，耙细整平，即可作畦。若选用熟地育苗，初春解冻后，要多次深翻，施入基肥，基肥以腐熟的厩肥和熏肥最好，一般每亩施腐熟厩肥 5 000 kg 左右，均匀撒于地面，再浅翻一次，使土肥混合均匀，以备作畦。一般按 1 m 开沟作畦，畦沟宽 30 cm，畦高约 25 cm，四周开好排水沟以利排水。

移栽应选土层深厚、疏松肥沃、腐殖质含量高、排水良好的荒地或休闲地最好。如连作，前茬以小麦、大麻、亚麻、油菜等为好，不宜选用马铃薯和豆类地块。选好的地块栽前要深翻 25 cm，结合深翻亩施腐熟厩肥 6 000 kg 以上，油渣 100 kg，有条件的地方施适量的过磷酸钙或其他复合肥。

三、选　苗

当归苗的好坏，直接影响当归年产量的高低。如果苗子选不好，有可能导致当归出苗后在夏至时大多数抽薹或当归从出苗到采收期间逐渐死亡的现象。当归抽薹现象是由于当归苗中含糖量过多、当归苗木质化所致；当归出苗后大量死亡现象是由于当归在冬季贮藏时温度过高，导致苗子尾部腐烂或苗子在生长期遭受冰雹灾害所致。因此在选苗时需注意：一看苗子头部是否有伤害；二看苗子是否木质化（将苗子中部用手折断）、苗子是否鲜嫩；三看苗子尾部是否腐烂（用手蹭破苗子尾部表皮，看皮层是否为白色）。一般当归苗头部较大且无伤害、苗子长得匀称且长、苗子未木质化且较嫩、苗子尾部皮层为白色的为优良苗子。

一般选用直径 2~5 mm，生长均匀健壮、无病无伤、分叉少、表皮光滑的小苗备用（苗龄 90~110 d，百根鲜重 40~70 g），直径 2 mm 以下、过细和 6 mm 以上的大苗，尽量慎用。

种苗栽植前用 40% 甲基异柳磷和 40% 多菌灵各 250 g 兑水 10~15 kg 配成药液，将种苗用药剂浸蘸，一般 10 h 左右再移栽至大田，可预防病虫害和当归麻口病。

四、备　肥

当归需肥量大，在栽植前需准备充足的肥料。其中有机肥较好，无机肥次之。有机肥中羊粪、榨油后的饼渣最好，牛粪、猪粪次之；无机肥中磷酸二铵、尿素和磷肥较好，其他次之。

在春季犁地时，每亩施入 3 000 kg 带土农家肥、36 kg 磷酸二铵、16 kg 尿素和 50 kg 磷肥作为底肥。施榨油后的饼渣，可在栽植的前一年秋季随犁地而施入，使它充分发酵腐熟。多年的栽培经验表明：在春季犁地时，每亩施入用沸水煮熟的油菜籽 10 kg，效果非常好，当归产量高。

五、栽　植

栽植方法有平栽、垄栽和地膜栽培（图 2.5）三种。目前生产上普遍采用的是地膜覆盖栽培。各种栽植方法的技术规格是：地膜栽培选用 70~80 cm 宽、厚度 0.005 或 0.006 mm 的强力超微膜，带幅 100 cm，垄面宽 60 cm，垄间距 40 cm，垄高 10 cm。每垄种植 2 行，行距 50 cm、穴距 20 cm，每穴 2 苗，穴深 15 cm，亩植 6 600 穴，先覆膜后栽植，栽后压实，穴口封土。平栽分窝栽和沟栽，窝栽挖穴深 18～22 cm，直径 12～15 cm，每窝栽 1～2 株，苗子分开，覆土 1.5～2 cm；沟栽按横向开沟，沟距 40 cm，沟深 15 cm，株距 15 cm，压实、覆土 1.2～2 cm。垄栽，起垄高 23 cm 左右，垄距 33 cm，在垄上挖窝，窝距 25～30 cm，每窝栽 1～2 株。

在栽植前，先将犁过的地耙平，打碎土块，后进行栽植。在 3～4 月栽植，此时土壤湿度大，有利小苗的生长。栽植时随耕随耙平，随即挖穴栽苗。穴深 20 cm，不能太浅。每穴栽大、小苗 3 株，小苗要在中间，大苗在边上，大苗容易抽薹，种在边上，拔除时不会损伤小苗。苗与苗之间留 5 cm 距离，等到夏至苗子抽薹结束后拔掉抽薹的苗子及多余的苗子，保证每穴只留 1 苗。苗上覆土 1.7～3.5 cm，把穴填满，栽完耙平，以免积水。栽植行株距 23～33 cm。

图 2.5　当归地膜栽培

六、田间管理

1. 间苗定苗

对育苗和直播的均要进行间苗，疏去过密的弱苗，间苗常结合中耕进行。穴播的，每穴留苗 2～3 株，株距 3～5 cm，到苗高 10 cm 时定苗；条播的按株距 15～20 cm 定苗，每亩留苗 6 500～7 000 株；直播的，苗高 3 cm 时进行第 1 次间苗，苗高 10 cm 时进行定苗；移栽的，结合第 1 次除草定苗，每穴留 1 株，每亩留苗 6 000～9 000 株。

2. 中耕除草

一般中耕除草 3～4 次。5 月返青后，当苗高达 7～10 cm 时，及早除头遍草，将苗根周围的土打松，要浅锄；当苗高达 15～20 cm 时，除第 2 遍草，要锄深锄通；当苗高达 20～25 cm 时，除第 3 遍草，要锄净，并进行根系培土。第 4 次除草在立秋前后。中耕时，只能浅锄表土，不可过深，以免伤根。在第 2、3 次中耕除草时，可将抽薹的苗子拔去。

3. 追　肥

幼苗期不可施用过多的氮肥，以免幼苗生长过旺造成早抽薹，生长中后期可适当增施人畜粪水或堆肥等。

当归在生长期需肥量大，因而需要不断地进行施肥。一般追肥 3 次，与第 2、3、4 次中耕除草结合进行。除第 2 遍草时，可随除草而每亩施入人畜粪水 1 500～2 000 kg 或尿素 4 kg。6 月中旬每亩施入 8 kg 尿素或硝氨，一般可在下中雨时施入，以防烧苗。6 月下旬至 7 月上旬，可进行根部施肥，离当归苗周围约 8 cm 的地方，用小铁铲挖 5 cm 深的沟，每亩施入磷酸二铵 12 kg 和尿素 6 kg 的混合物，后用土壤覆盖以防光照分解。7 月份，可进行叶面施肥，一般喷洒磷酸二氢钾、赤霉素、生长素等促进当归生长。立秋后，在下中雨时每亩施入 8 kg 尿素。7 月下旬当归进入迅速生长期，可喷洒 300 ml 的多效唑，能有效地抑制地上生长，促进地下根的生长。

4. 控制抽薹

栽种时应选用不易抽薹的晚熟品种，采取各种农艺措施降低早期抽薹率，对出现提早抽薹的植株，应及时剪除摘净，否则会降低药材品质，同时大量消耗水肥，对植株产生较大影响。

一般生产的抽薹植株占总数的 10%～30%，严重时达 40%～70%，给生产常带来一定的损失。提早抽薹常与种子、育苗及第二年栽培条件有一定的关系，因此采取下列措施降低当归抽薹率是必要的。

（1）选择良好的种子：生产上应采用 3 年生当归所结的种子作种用，以种子呈粉白色时采收为宜。

（2）培育良好的栽子：选择阴湿肥沃的环境育苗，育苗时注意多施烧熏土，精细整地，适时播种，适当密植，精细播种，保证全苗，使出苗整齐，生长苗壮；选阴雨天揭草，避免幼苗晒死变稀，适当追施氮肥，延迟收挖，不要挖断栽子，贮藏栽子之前避免把栽子晾得过干。

（3）选好育苗地：育苗时应选择土壤湿润，海拔在 2 000 m 以上的山坡地。

5. 保苗越冬

立秋前后播种的当归，由于生长期短，苗子小，根入土浅，易受冻害，故在越冬前，需要采取保苗越冬措施。直播的施冬肥，将腐熟的厩肥或堆肥等，施于穴播的穴中或条播的沟中，施后用细土覆盖。育苗移栽的留床苗，不施冬肥，则以细土覆盖穴内或沟中，覆土厚度约 2 cm。

七、病虫害防治

1. 病　害

（1）根腐病：该病 5~8 月发生，为害根部。地下害虫多及低洼积水的地块病害严重。发病后茎叶逐渐枯萎，叶部有椭圆形的深褐色病斑，常集合在一起呈不规则的大块条斑，茎基及根部腐烂，呈水渍状，灰褐色，全株死亡。

防治方法：栽植前每亩用 70% 五氯硝基苯 1 kg 进行土壤消毒；选用无病健壮的种栽栽植，栽前用 65% 的代森锌 600 倍溶液浸泡种栽 10 min，并尽量与禾本科作物轮作种植，雨后及时排水；发现病株及时拔除，在病穴中施入一把生石灰，用 2% 石灰水或 50% 多菌灵 1 000 倍液全面浇灌病区，防止蔓延。

（2）褐斑病：该病从 5 月发生一直延续到收获，为害叶片。高温多湿条件下易发病。发病初期在叶面上产生褐色斑点，病斑扩大后外周有一褪绿晕圈，边缘呈红褐色，中心呈灰白色。后期在病株中心出现小黑点，随着病情发展，叶片大部分呈红褐色，最后全株枯死。

防治方法：冬季清扫田园，彻底烧毁病残组织，减少菌源；发病初期摘除病叶，并喷 1：1：150 的波尔多液，以后每隔 7 d 喷 1 次，防止蔓延；5 月中旬后喷 1：1：150 的波尔多液或 65% 代森锌 500 倍液，每隔 7~10 d 喷 1 次，连喷 2~3 次。

（3）白粉病：常在夏季高温干燥时发生。受病后，叶的表面发生粉状病斑，逐渐扩大，邻近病斑相互汇合，使叶片全部灰白，变黄枯萎。

防治方法：发现病株及时拔除烧毁，并喷 0.3 波美度石硫合剂或 50% 甲基托布津可湿性粉剂 1 000 倍液，每隔 7 d 喷 1 次，连喷 2~3 次。

2. 虫　害

（1）桃大尾蚜（又名腻虫）：主要为害当归的新梢嫩叶。春季由桃、李树上迁入田内为害，使其心内嫩叶变厚呈拳状卷缩。

防治方法：当归地要远离桃、李等植物，以减少虫源；发现蚜虫时可用20%杀灭菊酯 3 000~4 000 倍液喷雾，或用 40% 乐果乳油 800~1 500 倍液喷雾。

（2）黄凤蝶（又名茴香凤蝶）：幼虫为害当归叶片，咬成缺裂或仅剩叶柄。

防治方法：幼虫发生初期可进行人工捕杀；发生数量较多时喷洒 80% 敌敌畏 1 000~1 500 倍液或青虫菌 300 倍液，每隔 7 d 喷 1 次，连喷 2~3 次。

（3）种蝇（又名地蛆）：幼虫为害当归根茎。在当归出苗期，从地面咬孔进入根部为害，把根蛀空或引起腐烂，植株死亡。

防治方法：种蝇有趋向未腐熟堆肥产卵的习惯，因此施肥要用腐熟堆肥，施后用土覆盖，减少种蝇产卵；发现种蝇为害，可用 40% 乐果 2 000 倍液或 90% 敌百虫 800 倍液浇根，每隔 5~7 d 浇 1 次，连浇 2~3 次。

八、采收加工及留种

1. 采收

秋季直播的当归在播后第 3 年收获，移栽的在当年 10 月下旬前后收获。当归地上部分由绿变黄并开始逐渐倒伏，地下部分已停止生长，即可进行采收。采收时，先割去地上茎叶，留 3 cm 左右的短茬。

在较冷的地区，可在霜降前 10 d 进行挖药，以免地下封冻而无法挖药。挖药时，逐行逐株挖收，避免挖断根或漏挖。锄头要下深并离当归稍远点，以防损伤当归头及侧根。

2. 加工

当归采挖后及时除去残留叶柄，去掉病虫根，将泥土洗净，晾 2~3 d，至根系变软时，按根条大小分开扎成小把，头朝下挂在熏棚内炕架上，先将柴火喷湿燃烟慢火熏烤，使当归上色，至表皮呈赤红色后，再用柴火熏烤。熏烤时要注意室内通风，并经常翻动根条。烤干后搓去毛须，修去过细的毛根，即可出售。

若大面积种植当归，在挖药期间，把所挖的当归经整理后垛放在院内，表面可盖塑料布以防太阳照射。垛放 20 d 后，当归中的部分水分已散失，当归已出现萎蔫并变柔软时即可进行加工。

一般把当归头部直径大于 3 cm、长度大于 6 cm 的当归，用刀削掉侧根及主根尾部加工成当归头，并用铁丝串成串；把当归头较大但头部较短无法加工当归头的，削掉小的侧根，保留大的侧根，并打掉根尖而加工成香归；对于比较小的当归，可 7 ~ 8 株捆成 1 把加工成当归把子；在加工当归头时被削下的侧根按大小加工成当归股节。加工后，便放在太阳下晒干或放在生炉火的暖和房子中阴干以利于保存。在室外晒时，晚上要防冻，必要时用塑料布覆盖或晚上拿到室内以免受冻而影响当归质量。

硫黄熏蒸：把经加工并晒干的当归头、香归、当归把子等，分层摆放到农民自己设置的熏具内，并用塑料布蒙严实后，底下用点燃硫黄所产生的蒸汽熏蒸 2 h，后翻动 1 次再熏蒸 2 h。通过熏蒸后的当归不仅色泽好，而且可防霉变和虫害、易保存，并且市场售价高。

3. 留　种

留种地的当归不挖出，于早春拔除杂草，一般不加管理，8 月中旬种子由红色转为粉白色时分批采收，每亩可收种子 50 ~ 100 kg。采收时连花轴一齐割回，捆成小把，挂在屋檐下风干，不能暴晒，并防止烟熏、雨淋。风干后冬闲时脱粒，贮藏备用。应放在阴凉通风干燥处保藏，不能受热、受潮。

第三节　川芎栽培技术

川芎别名抚芎、小叶川芎，为伞形科藁本属多年生草本植物，株高 20 ~ 60 cm。川芎以干燥的根茎入药，是常用的中药材之一。有活血行气、祛风止痛、疏肝解郁的功能，主治头痛、胸肋痛、痛经、风湿痛、跌打损伤等症。四川省川西平原的都江堰市、崇州、新都等地是川芎的主产区，栽培历史悠久，药材质量最佳，驰名中外。近年来，陕西、江西、云南、贵州、湖北等省均有引种栽培，但川产川芎占全国总产量的 90% 以上，都江堰市占全国的 65% 以上，并且个大、饱满、坚实、断面色黄白、油性足、香气浓郁，质量最佳。

川芎喜温和湿润的气候，幼苗期忌强光和高温，土壤要求疏松肥沃，排水良好，富含腐殖质，中性或微酸性的砂壤土，忌连作。

一、繁育技术

川芎采用无性繁殖。川芎繁殖材料为地上茎节，俗称"苓子"或"芎苓子"。主产区四川多选择海拔 900～1 500 m 的山区专门培育"苓子"，供平地或丘陵地栽种。由于地区的不同，培育苓子的方法也各异。

1. 高山育苓

一般四川主产区采用山区(海拔 1 000～1 500 m)育苓，供坝区(海拔 500～1 000 m)栽种。12 月底至 1 月中旬，最晚不应迟于 2 月上旬，将平坝地区的川芎挖出，除去茎叶和须根，称"抚芎"，运到山区栽种育苓。栽植距离分大、中、小 3 级，株行距分别为 30 cm×20 cm、25 cm×15 cm、20 cm×10 cm。在整平耙细的畦面上按 20～30 cm 开穴，穴深 6～7 cm，每穴栽"抚芎"1 块，小的可栽 2 个，芽向上放好，穴内施堆肥或人畜粪水，再盖土整平。每亩用"抚芎"量 150～250 kg。3 月上旬出苗，3 月底至 4 月初苗高 10～12 cm 时进行晾蔸疏苗，把蔸土扒开，露出根茎顶端，选留粗细均匀、生长健壮的地上茎 8～12 个，把其余的地上茎从基部割除。疏苗后和 4 月下旬各中耕除草 1 次，同时进行追肥，每次每亩施用人畜粪水 500～1 000 kg，第 2 次再加施腐熟饼肥 50 kg。

7 月中、下旬茎节显著膨大，略带紫褐色时为收获时期。应选阴天或晴天露水干后，将全株挖出，去掉病虫株，留下健株，再摘去叶片，割下根茎(干后供药用)。把茎秆捆成小束，运至阴凉的山洞或室内，地上铺一层茅草，把茎秆逐层堆放，高约 2 m，上用茅草等盖好。1 周以后上、下翻动 1 次，以后经常检查，如堆内温度升高到 30 ℃ 以上，应立即翻堆检查，防止发热腐烂。8 月上旬取出茎秆运到山下供作种用。切成长 3～4 cm、中间有一节盘的短节，即为繁殖用的"苓子"。一般茎秆上端的苓子较纤细，营养不良，最好不用。

2. 坝地育苓

坝区栽种川芎也可就地育苓，一般在 3 月取"抚苓"，就地栽种，管理与高山育苓相同。7 月上旬收苓秆，选节盘突出的苓秆，摘除叶子和嫩苓，理成小捆，放在低温、干燥处窖藏 20 ~ 30 d 后栽植。

3. 本田育苓

在海拔 1 000 m 左右的山区或邻近没有山的新产区栽培川芎，多利用本田的苓子来繁殖。即育苓与本田栽培相结合，直接用收获川芎时的地上茎节作苓子繁殖。选留作种的本田繁殖苓子，早春也要晾蔸疏苗，收获期要延迟至 6 月底或 7 月上、中旬，茎秆需贮藏 1 ~ 2 个月，如贮藏得当，也能收到较好的苓子。但连续多年使用本田苓子作种，会产生退化现象。

二、选地整地

栽培川芎宜选地势向阳、土层深厚、排水良好、肥力较高、中性或微酸性的土壤。过砂的冷砂土或过剩的黄泥、白鳝泥、下湿田等不宜栽种。栽前除净杂草，烧炭作肥，翻地后整细整平，根据地势和排水条件，作成宽 1.6 ~ 1.8 m 的畦。

三、栽苓

一般种川芎常与水稻轮作，当早稻灌浆后，将田水放干，以便早稻收获后及时整地。作畦宽 1.6 m、沟宽 30 cm、沟深 25 cm，并施基肥于畦面，每亩可施厩肥或堆肥 2 000 ~ 3 000 kg，然后挖松畦面土，使土与肥料混合均匀，将畦面作成瓦背形。若用旱地栽种，可在栽前半个月将地整好。

栽种期以 8 月上、中旬为宜，最迟不得超过 8 月下旬。栽时应仔细挑选苓子，将有病虫、无芽或芽已萌发的去除。在畦上开横沟，行距 30 cm，深 2 ~ 3 cm。每行栽 8 个苓子，行间两端各栽苓子 2 个，每隔 6 ~ 10 行的行间密栽苓子 1 行，以备补苗。苓子需浅栽，平放于沟内，芽向上按入土中，栽后用筛过的堆肥或土粪覆盖苓子，必须把节盘盖住，然后再在畦面上盖一层稻草，以减少强光照射或暴雨冲刷的影响（图 2.6）。

图 2.6　川芎移栽

四、田间管理

1. 中耕除草

栽后半个月左右幼苗出齐，揭去盖草，随即中耕除草 1 次，以后每隔 20 d 再中耕除草 1 次。中耕时浅松表土，以免伤根。前两次中耕时，发现缺苗应挖取密栽于行间的幼苗，带土移栽，栽后浇水，保证全苗。入冬时割去枯黄的茎叶，再中耕除草 1 次，在根茎周围培土，保护地下部根茎越冬。

2. 追　肥

栽后 2 个月内集中追肥 3 次，每隔 20 d 追 1 次，最后 1 次要求在霜降前施用。每亩施肥量为农家肥 1 200 kg、油饼 30 kg、草木灰 100 kg、硫酸铵 25 kg、过磷酸钙 40 kg、硫酸钾 10 kg，混合穴施，施于植株基部，再用土盖好。第 2 年春季茎叶迅速生长时再追肥 1 次，用量与前面的相同。

五、病虫害防治

1. 病　害

（1）根腐病：该病属土传性病害，是川芎生产上的主要病害，在生长期和收获期均可发生。造成川芎根茎内部腐烂变成黄褐色的水渍状，很稀很软，并发出特有的臭味；地上部分叶片逐渐变黄凋萎，病株往往是东一株，西一株，不成片发生。

防治方法：发病初期，可用 50% 的退菌特可湿性粉剂 1 000～1 500 倍液喷雾防治，或用 50% 的甲基托布津 800～1 000 倍液浇灌；抚芎上山时，用 50% 多菌灵可湿性粉剂 800 倍液浸泡 20 min；苓种下山前一个月，用 50% 多菌灵可湿性粉剂 800 倍液喷洒 1 次，苓种下山时，用 50% 多菌灵和乐果 800 倍液，浸种 20 min。

（2）白粉病：该病在夏秋季（7～10 月）高温多雨季节发病严重。叶背及叶柄布满白粉，使叶变黄枯死。若该病在 5 月上旬发生，则主要为害川芎叶片。

防治方法：收获后清园，残株病叶集中烧毁；发病初期用 1∶1∶100 的波尔多液或 65% 代森锌 500 倍液，每隔 10 d 喷洒 1 次，连喷 3～4 次；发病后用 0.3 波美度石硫合剂，每隔 10 d 喷洒 1 次，连喷 3～4 次；或选用 75% 喜源可湿性粉剂 500～700 倍液，每 7～10 d 喷 1 次，连喷 2～3 次。

（3）叶枯病：发生在 5～7 月。叶上产生褐色的不规则的斑点，致使叶片焦枯。

防治方法：用 1∶1∶100 的波尔多液或 65% 代森锌可湿性粉剂 500 倍液喷雾防治，每隔 10 d 喷 1 次，连喷 2～3 次。

乙. 虫 害

（1）川芎茎节蛾：以幼虫为害川芎茎秆，一般一年 4 代，幼虫从心叶或叶鞘处蛀入茎秆，咬食节盘，造成"通秆"，在山区培育苓种阶段最为严重。苓种损失率一般为 23% 左右，严重的达 50% 以上，最严重时甚至绝收。

防治方法：在山区育苓阶段，应随时掌握虫情，及时用 40% 乐果乳油 1 000 倍液防治，喷药工作需细致，着重喷射叶心和叶鞘，或用 80% 敌百虫 1 000 倍液，喷杀第一、二代的老熟幼虫；坝区栽种前，精选苓子，并用烟骨头（筋）、麻柳叶（枫杨叶）5～6 kg，加水 100 kg 浸泡数日，再将苓子放入浸泡 12～24 h，取出稍稍晾干即可栽种，或用 40% 乐果乳油 1 000 倍液，浸种 3 h 后栽种。

（2）蛴螬：为金龟子幼虫，土名"老母虫"。在 9～10 月咬食川芎幼苗。发生不多，但有时为害相当严重。

防治方法：点灯诱杀成虫金龟子；用 90% 晶体敌百虫 1 000～1 500 倍液浇注根部周围土壤；将石蒜鳞茎洗净捣碎，于追肥时每挑粪水放 3.5～4 kg 石蒜浸出液进行浇治；少量发生时，可采取人工捕杀。

（3）根蛆：发生在 3 月初，造成川芎块茎霉烂。

防治方法：每亩可选用 40% 巨雷乳油 250～300 ml 兑水 200 kg，沿川芎基部灌根。

（4）黑土蚕：咬食川芎幼苗，使之生长不好。

防治方法：栽种前用敌百虫 0.5 kg 兑水 25 kg 略浸苓子；如果发生虫害，可用 25% 滴滴涕乳剂 300 ~ 500 倍液浇灌根部。

六、采收加工

1. 采收

以栽后第 2 年的 5 月下旬采挖为宜，以小满后 4 ~ 5 d 收获最好。过早挖，地下根茎尚未充分成熟，产量低；过迟挖，根茎已熟透在地下易腐烂。采挖宜选晴天，用双齿耙将全株挖出，摘去茎叶，将根茎的泥土抖掉，在田间稍晒后，运回加工干燥（图 2.7）。

图 2.7　川芎采收

2. 加　工

川芎根茎应及时干燥，一般都采用火炕。在室内干燥处挖一土坑，方形或圆形，大小不一。小型炕自炕底到炕面高 60 ~ 80 cm，炕前有火门，高 40 ~ 60 cm，宽 30 ~ 40 cm，炕上面四周筑一方形土墙长宽各 1 ~ 1.2 m，厚 20 cm 左右，高出地面约 80 cm；炕中部置横木数根，上铺竹篾编成的笆。然后倒入鲜根茎，数量以炕大小而定。加火，使火焰由火门口缓缓进入，火力不宜过大，否则会使表面炕焦而内部还未干燥，每干 100 kg 川芎需柴 200 kg。上炕后，每天上下翻动 1 次，经 2 ~ 3 d 后，根茎逐渐干燥变硬，散发出浓烈香气，便可取出，放入竹制撞篓中来回抖撞，除净泥砂和须根，即成干川芎。用火炕加工，比较费工，不够安全，如有条件，最好改为烤房烘烤。每 100 kg 鲜川芎可得干川芎 30 ~ 35 kg；每亩可产干川芎 150 ~ 200 kg，最高可达 250 ~ 300 kg，芎苓种 500 kg 以上。

川芎以无苓珠、苓盘、杂质，无枯、焦、虫蛀、霉变为合格；以个大、饱满、坚实、断面色黄白、油性足、香气浓的为佳。

第四节　白术栽培技术

白术别名贡术、于术、冬术、浙术等，为菊科苍术属多年生草本植物，株高 30～80 cm。以根状茎入药，主治脾虚食少、消化不良、慢性腹泻、胎动不安等症，是很多中医方剂和中成药的主要原料，又是中药材出口创汇的重要品种之一。浙江，山东、四川、湖北、湖南、江西、福建等 20 多个省区均有栽培。据历史资料统计，白术的药用量居全国第七位，也是出口量相当大的主要药材，年需求量 900 万公斤左右，药用价值高，开发潜力大，很多地方已将白术作为拳头产业开发。

一、选地整地

育苗地选疏松肥沃、排水良好、高燥、通风凉爽的砂壤土。最好选用坡度小的阴坡生荒地，过于肥沃的熟地，反而使白术苗生长幼嫩，抗病力差。定植地宜选择生荒地或停种白术 4 年以上、土层深厚、排水良好的砂质壤土的山地。前作收后，每亩施腐熟农家肥 3 000～4 000 kg，过磷酸钙 50 kg，于冬季深翻40 cm，第二年春季再翻耕 1 次，碎土耙平，作成 1.2～1.5 m 宽的高畦。

二、培育壮苗

白术种子在 15 ℃以上时开始发芽，25～30 ℃为发芽适温。播种前选新鲜饱满、成熟度一致的无病虫种子，放入 25～30 ℃ 的温水中浸泡 24 h 后取出播种。

一般在 3 月下旬至 4 月上中旬播种，条播或撒播。在整好的畦上按幅距 20～25 cm，开幅宽 10 cm，深 3～5 cm 的浅沟，沟内浇水，水渗后，将浸泡的种子掺上细土均匀撒播在沟内，然后浅覆土，再盖一层草或树叶，以保持地面潮湿。每亩用干种 5～6 kg，15 d 左右出苗，出苗 1/3 时去除覆盖物。幼苗期除草，长出 2 片真叶时按株距 5 cm 间苗（将病苗、弱苗间掉）。苗期追肥 1～2 次，以施稀人粪水最好，用量不宜过多，每亩施粪水 500～800 kg，干时浇水或在行间铺草防旱。6 月上中旬每亩施磷酸二铵 20 kg。10 月下旬～11 月上旬开始挖取术栽，剪去茎叶和须根，注意不要损伤主芽和根茎表皮，将鲜术栽（白术苗）摊放在通风阴凉处晾晒 3～5 d，选室内干燥处，先在地上平铺一层 3 cm 厚的细砂，上放术栽厚 12～15 cm，再铺一层砂和一层术栽，堆高不超过 35 cm，四周用砖码好，上盖 7 cm 厚的砂或泥土即可。堆中央插几束稻草，以利通风散热。每亩可培育出 350～400 kg 鲜术栽。

三、移　栽

11 月下旬至第 2 年 3 月均可进行栽植。选择大小均匀，无病虫害，表皮光滑，芽头饱满、根群发达，顶端细长、尾部圆大的根茎作种栽。按行距 25 cm、深 5 cm 开沟，沟内浇足水，水渗后，将术苗用 50% 多菌灵 500～600 倍液浸泡 3～5 min，取出稍晾，植入沟内，芽尖朝上，与地面相平，覆土 3 cm，并施入基肥，每亩施入复合肥或腐熟的饼肥 50 kg，过磷酸钙 30 kg，土杂肥 400～500 kg，下栽密度每亩 1～1.2 万株，一般每亩需鲜术栽 50～60 kg。全部栽完后，再浇一次大水。

四、田间管理

1. 中耕除草

一般与施肥相结合进行 3～4 次，中耕应先深后浅，第一次可以稍深，促进根系伸展，以后则宜浅锄，以免损伤根系。雨后应及时锄松表土，以促生长，减少病害。

2. 追 肥

除施足基肥外，还应追肥 3 次。第 1 次追肥在苗高 20 cm 时，每亩追施磷酸二铵 10 kg，尿素 3 kg；第 2 次在 6～7 月，每亩追施三元复合肥 20～25 kg；第 3 次在 8 月中旬至 9 月下旬，每亩追施三元复合肥 30 kg，腐熟饼肥 100 kg，以促进白术地下根茎生长。此后根据生长情况，最好在 9 月中下旬再追施 1 次。第 2、3 次追肥应在早、晚地温不高时进行。

3. 排 灌

白术最怕高温多湿，特别是前期湿度大会发病，田间积水易死苗，应特别注意排水，尤其是大雨过后，应及时检查并疏通排水沟及畦沟。白术生长期间需充足的水分，尤其 8 月下旬根茎膨大期更需水分，遇干旱应及时浇水，保持田间湿润，以免影响产量。

4. 摘 蕾

为了使养分集中供应根茎增长，除留种植株每株留 5～6 个花蕾外，其余都要适时摘除（图 2.8）。一般在 7 月中旬至 8 月上旬分 2～3 次摘完。摘蕾应在头状花序将要开放时采摘，不宜过早或过迟，过早植株尚小，摘蕾影响发育，过迟则消耗养分过多，影响根茎产量。摘蕾时，一手握住茎秆，另一手将花蕾摘除或用剪刀剪下。摘蕾应选晴天露水干后进行，以免雨水或露水浸入伤口，引起病害。8～9 月在白术根茎上常长出分蘗苗，也应及时摘除，如果任其生长，会白白消耗养分，不但影响根茎生长，减少产量，而且会使根茎长成畸形，影响质量。

图 2.8　白术摘除花蕾

五、病虫害防治

1. 病 害

（1）根腐病：该病对白术的为害相当严重。发病时，根首先受害呈黄褐色，随后变黑而干枯，蔓延到根茎部后，根茎部的须状根全部干枯脱落后，根茎变软，外皮皱缩呈干腐状，严重时可导致植株死亡。

防治方法：发病初期，可用 50% 多菌灵和 70% 代森锌可湿性粉剂 750 倍液淋灌；与禾本科作物轮作 3 年以上；在栽培过程中选择健康的、短秆阔叶、肉质肥厚、质量好、抗病力强的品种；若是用从外地购买的种，最好在种植前用 25% 多菌灵 400～500 倍液浸泡 12～24 h；若是大面积种植白术，应逐步建立无菌害种栽繁育基地，供应无菌种栽。

（2）立枯病：产区农民称"烂茎瘟"。4 月苗期发生，低温多阴雨时发病较重。幼苗感病后，茎基部出现黄褐色的病斑，随后病斑扩大，呈黑褐色干缩凹陷，严重时病株倒伏枯死。

防治方法：加强田间管理，雨后要及时松土并做好开沟排水工作，降低田间湿度；种植前用 5% 的甲霜灵颗粒剂处理土壤，每亩施药量 1.5 kg；发病初期可用 50% 多菌灵 1 000 倍液浇灌或用 70% 五氯硝基苯粉剂 500 g 与细土 25 kg 拌匀施于病株周围；发病期用 5% 石灰水浇灌病区或用 25% 甲霜灵可湿性粉剂 400 倍液喷雾，每隔 7～10 d 喷 1 次，连喷 2 次即可。

（3）白绢病：产区农民称"白糖烂"，为害根状茎。4 月下旬开始发生，6～8 月发病最重。白术受害后，植株顶梢凋萎下垂，根茎只存导管纤维，像一丝丝乱麻状，干枯；在高温高湿条件下，蔓延较快，白色菌丝布满根茎，引起根茎溃烂枯死。

防治方法：与禾本科作物轮作 5 年以上；选用无病术栽作种，并用 50% 退菌特可湿性粉剂 1 000 倍液浸种栽 3～5 min，晾干后下种；栽植前每亩用 1.5 kg 5% 的甲霜灵颗粒剂，或用 50% 退菌特可湿性粉剂 1.5～2.5 kg 拌细土或草木灰 30～50 kg 进行土壤消毒；挖除病株和受病菌污染的泥土，并用生石灰消毒，再用 50% 多菌灵或 50% 甲基托布津 500～1 000 倍液浇灌病区。

（4）铁叶病：4 月下旬开始发生，6～8 月发病最重，为害叶片。发病初期叶片上生黄绿色小点，病斑逐渐扩大并互相连接，呈多角形或不规则形，很快布满全叶，使病叶呈铁黑色，蔓延至全株，最后导致叶片枯死。

防治方法：白术收获后，清洁田园、烧毁残株病叶，减少病源；发病初期喷 1：1：100 的波尔多液或 50% 多菌灵 500～1 000 倍液或 65% 代森锌可湿性粉剂 400～500 倍液喷雾，每隔 7～10 d 喷 1 次，连喷 2～3 次。

（5）花叶病：5～6 月发生较多。植株发病后，生长势减弱，节间缩短，分枝增多，叶多细小皱缩，边缘呈波状，叶片呈现黄绿相间的花叶疱斑。根茎畸形瘦小，品质变劣。

防治方法：建立无病留种田；选择抗病品种；加强田间管理，合理施肥，适时浇灌，促进根系发达，增强植株抗病力；发病初期用 5% 的植病灵 800～1 000 倍液或 70% 农用链霉素 500～800 倍液喷雾，连喷 1～2 次。

2. 虫 害

（1）小地老虎：以幼虫为害白术幼苗，低龄阶段开始为害，咬断根、地下茎或近地面的嫩茎，严重时造成缺苗断条，苗期为害造成减产。

防治方法：及时铲除田间杂草，消灭虫卵及低龄幼虫；3～4 龄幼虫期，每天早晨检查，发现新萎蔫的幼苗，可扒开表土捕杀幼虫；可用 50% 辛硫磷乳油 800 倍液于播种前喷施土壤，或用 90% 的晶体敌百虫拌菜籽饼、花生饼自制成毒饵，在傍晚顺垄撒施于幼苗根际。

（2）金龟子：主要为害地下根茎，造成缺苗并严重影响产量和质量。成虫昼伏夜出，具有假死性，主要以幼虫啃食白术地下部分，取食幼芽，咬断细根，将粗根或地下茎蛀食成孔洞。

防治方法：加强田间管理，清除杂草；可用 50% 辛硫磷乳油或 70% 甲胺磷乳油在播前喷施于土壤中。

（3）蚜虫：4～6 月为害严重，主要集中在白术的嫩叶新梢上吸取汁液，使植株枯萎，被害处常出现褐色小斑点，影响白术正常生长发育，严重的可减产30%～50%。

防治方法：用 10% 吡虫啉可湿性粉剂 1 500～2 000 倍液或 50% 抗蚜威1 000 倍液喷雾防治，每隔 10～15 d 喷 1 次，连喷 2～3 次。

六、留 种

白术留种可分为株选和片选，一般于 7～8 月，选植株健壮，分枝小、叶大、花蕾扁平而大者作留种母株。摘除迟开或早开的花蕾，促使养分集中，种子饱满，提高种子质量，每株选留 5～6 个花蕾为好。于 11 月上中旬植株下部叶片枯黄，部分头状花序上部开裂现出白色冠毛时采收种子。选晴天露水干后将植株挖起，剪除地下根茎，把地上部束成小把，倒挂在屋檐下晾 20～30 d 后

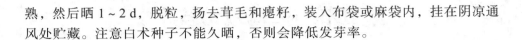

熟，然后晒 1～2 d，脱粒，扬去茸毛和瘪籽，装入布袋或麻袋内，挂在阴凉通风处贮藏。注意白术种子不能久晒，否则会降低发芽率。

七、采收加工

1. 采收

白术于栽种当年冬季收获。收获期的早晚对产量有一定的影响，经不同收获期试验比较，以 10 月下旬至 11 月上旬收获为宜。10～11 月，当白术茎秆由绿色变为黄褐色、上部叶片已经硬化容易折断时，就应收获。收获过早，根茎未充分成长，干物质率不高；过晚则根茎上萌发新芽，降低产量和质量。收获时应选晴天，挖出根茎，剪除地上部分，抖去泥土，不用水洗，运回加工。

2. 加工

收获后不可堆放太久，以免发芽，降低产量和质量。加工方法有烘干、晒干两种。用火炕烘干的称炕术，晒干的叫生晒术，一般以炕术为主。

（1）炕术：视烘灶大小，将鲜术铺至炕面，开始时火力稍大而均匀，约保持 80 ℃ 左右，使根茎迅速失去生机。1 h 后，待蒸汽上升，白术表皮稍干硬时，火力可稍小，使温度保持在 60 ℃ 左右。约 2 h 后，将白术上下翻动，使细根脱落。继续烘 3～5 h，将白术全部倒出，不断翻动，至须根全部脱落，再剪除术秆。然后，将大、小白术分开，大的放底层，小的放上层，再烘 8～12 h，温度 60～70 ℃，约 6 h 翻 1 次，达七八成干时，全部出炕，再次修去术秆。

最后，将大、小白术分别堆置室内 6～7 d（不宜堆高），使内心水分外溢，表皮软化，仍分大、小白术上炕，这时要用文火，温度 50～60 ℃，约 6 h 翻 1 次，视白术大小，烘 24～36 h，直至干燥为止。要视白术的干湿度灵活掌握火候，既要防止高温急干烘焦，又不能低温久烘致使霉枯。燃料切勿使用松柴，以免影响外色。

（2）生晒术：将鲜白术抖净泥砂，剪去术秆，日晒至足燥为止。一般日晒约需 20 d 才能全干。在翻晒时，要逐步搓擦去根须，遇雨天，要薄摊通风处，一定不要堆高淋雨。不可晒后再烘，更不能晒晒烘烘，以免影响质量。

以无芦茎、须根，无虫蛀、霉变，碎块不超过 20%，体重不足 5 g 的小术为合格。以个大体重，坚实不空，断面色黄白，香气浓的为佳。

第五节　薄荷栽培技术

　　薄荷为唇形科属多年生宿根草本植物，株高 30~90 cm，以全草入药，为我国常用中草药，具有疏散风热、清热解毒之功效。主治头痛感冒、咽喉肿痛等疾病。从薄荷中提取的薄荷油、薄荷脑是医药、食品、饮料、香料等工业的重要原料，也是我国重要的出口物资。薄荷原产于北温带的日本、朝鲜和中国东北各省。世界上分布较多的有俄罗斯、日本、英国、美国等国家，法国、德国、巴西也有栽培。中国各地都有栽培，主产于我国长江以南地区，现全国各地均可引种栽培，我国薄荷的产量居世界首位。

　　薄荷喜温暖湿润的气候和阳光充足、雨量充沛的环境，栽培土壤以疏松肥沃、排水良好的夹砂土为好，在生长期要求土壤湿润。植株封垄以后，则表土稍干为好，雨水太多反而影响产量。薄荷适宜气温 20~25 ℃。土温 2~3 ℃时地下茎可发芽，嫩芽能耐 -8 ℃的低温。

一、繁殖方法

1. 根茎繁殖

　　培育种根：于 4 月下旬或 8 月下旬，在田间选择生长健壮，无病虫害的植株作母株，按行株距 20 cm×10 cm 栽植。在初冬收割地上茎叶后，根茎留在原地作为种栽，1 亩种栽可供大田移栽 7~8 亩。

　　移栽：于 10 月下旬至第二年早春尚未萌发之前进行，但以早春土壤解冻后栽种为好，宜早不宜迟，早栽早发芽，生长期长，产量高。栽时挖起根茎，选白色、粗壮、节间短、无病害的根茎作种根，截成 7~10 cm 的小段，然后在整好的畦面上按行距 25 cm，开深 10 cm 的沟，将种根每隔 15 cm 斜摆在沟内，盖细土，踩实，浇水。每亩需用种根 100 kg 左右。也可按行距 25 cm、株距 15 cm 穴栽。

2. 分株繁殖

在谷雨季节以后，薄荷幼苗高 15 cm 左右，此时应间苗补苗，间出的幼苗可分株移栽。

3. 扦插繁殖

5～6 月份，将地上茎枝切成 10 cm 长的插条，在整好的苗床上，按行株距 7 cm×3 cm 进行扦插育苗，待生根发芽后移植到大田培育，此法可获得大量幼苗。

二、 田间管理

1. 匀苗补苗

当苗高 13～16 cm 时，对幼苗分布不均匀的地方进行调整，密处疏苗，稀处补苗。留苗密度应根据土壤肥力、施肥水平而定，土壤肥力较高、施肥量较多的应稀些，反之则密些，一般株距 16～20 cm，没有苗的地方要补苗。

2. 中耕除草

在薄荷秧苗成活后或苗高约 10 cm 时，中耕除草一次，以后在植株封行前进行第二次，两次都应浅耕。第 1 次收割后，应及时进行第三次中耕，并锄去部分根状茎，以后每次收割后都要中耕 1 次，收割前应拔净田间杂草。全年要锄草 5 遍，保证田间无杂草。

3. 追　肥

一般在薄荷出苗时，每亩追施粪水 1 000～1 500 kg。在苗高 20～35 cm 时，每亩追施尿素 20～30 kg，于行间开沟深施，施后覆土。在薄荷第 1 次收割后，二茬苗高 10 cm 时，每亩浇施稀人粪尿 1 000～1 400 kg、磷酸二铵 50 kg。第 2 次收获后，要用优质有机肥覆盖，为下一年早发、快长打下基础。

4. 排灌水

7~8月份遇高温干燥天气要及时灌水,尤其在每次收割后,要结合追肥进行灌水,以利萌发新苗。夏季浇水宜在早晚或夜间进行,采收前20~30 d停止灌水。薄荷喜湿润怕积水,梅雨季节及大雨后要及时疏沟排水。

5. 摘心打顶

在田间植株密度较稀时,摘去主茎顶芽,以促进侧枝茎叶生长,有利增产。摘顶芽即摘去顶上二层幼叶,一般宜在5月晴天中午进行,此时伤口易愈合。去顶芽后,应施用化肥或人畜尿,以促进新芽萌发。

6. 二刀期管理

二刀期(第1次收割后到第2次收割前)薄荷生长较短,头刀收割后要及时清扫落叶,供蒸馏炼油用。要尽快锄去地面的残茬、杂草和匍匐茎(一般锄深2~3 cm),促使二刀苗的幼芽从根茎上出苗。

锄残茬后要立即浇水,促使二刀苗早发、快长,延长生长时间,增加产量。二刀期浇水3~4次,苗高10~15 cm时,每亩撒(沟)施尿素10 kg,叶面追肥1~2次,收割前拔大草1~2次,做到收割前田间无杂草。

三、病虫害防治

1. 病　害

(1)薄荷锈病:5~7月阴雨连绵或过于干旱均易发此病。初期在叶背出现橙黄色粉状物,到后期发病部位长出黑色粉末状物,导致叶片枯萎脱落全株枯死。

防治方法:加强田间管理,改善通风透光条件;清除病残体,减少越冬菌源;发病期,喷洒25%粉锈宁1 000~1 500倍液、或80%萎锈灵400倍液、或50%甲基托布津800~1 000倍液、或1:1:160的波尔多液,每隔7~10 d喷1次,连喷2~3次。

(2)斑枯病(也叫白星病):5~10月发生,初期叶片上出现散生的灰褐色小斑点,后逐渐扩大,呈圆形或卵圆形灰暗褐色病斑,中心灰白色,呈白星状,上生有黑色小点。后发展溃烂,致使茎秆破裂,植株死亡。

防治方法:实行轮作;秋后收集残茎枯叶并烧毁,减少越冬菌源;加强田间管理，雨后及时疏沟排水，降低田间湿度，减轻发病率；发病期，可喷洒 65% 的代森锌 500 倍液、或 70% 甲基托布津可湿性粉剂 1 500～2 000 倍液，每隔 7～10 d 喷 1 次，连喷 2～3 次。

（3）白粉病：发病后叶表面，甚至叶柄、茎秆上如覆白粉。受害植株生长受阻，严重时，叶片变黄枯萎、脱落，以致全株干枯。

防治方法：种植薄荷的农田应尽量远离瓜、果地；发病期，可喷洒 0.1～0.3 波美度石硫合剂（用生石灰 5 kg，硫黄粉 10 kg，水 65 kg，先煮成原液或母液，应用时加水稀释成所要求的浓度），或 20% 粉锈宁乳油 2 000 倍液。

（4）黑茎病：发生于苗期。症状是茎基部收缩凹陷，变黑、腐烂，植株倒伏、枯萎。

防治方法：可在发病期间每亩用 70% 的百菌清或 40% 多菌灵 100～150 g，兑水喷洒。

2. 虫　害

（1）小地老虎：春季小地老虎幼虫在植株近地面处咬断，造成缺苗断苗，下层叶片出现参差不齐的孔洞，地上茎被食成缺刻。

防治方法：清晨人工捕捉幼虫；每亩用 2.5% 敌百虫粉剂 2 kg，拌细土 15 kg，撒于植株周围，结合中耕，使毒土混入土内，可起保苗作用；或每亩用 90% 晶体敌百虫 0.1 kg 与炒香的菜籽饼（或棉籽饼）5 kg 做成毒饵，撒在田间诱杀。

（2）夜蛾类：银纹夜蛾：幼虫食害薄荷叶片，咬成孔洞或缺刻。5～10 月都有为害，而以 6 月初至头刀收获为害最严重；斜纹夜蛾：幼虫 8～10 月食害薄荷叶子。

防治方法：用 90% 晶体敌百虫 1 000 倍液喷杀；或用 50% 杀螟松 1 000 倍液喷雾灭杀。注意：收获前 20 d，应停止喷洒农药，以防农药残留影响其质量。

（3）尺蠖：又叫"造桥虫"，为害期在 6 月中旬、8 月下旬左右。

防治方法：每亩可用敌杀死 15～20 ml，喷洒 1～2 次，或用 80% 敌敌畏 1 000 倍液喷洒。

四、采收加工

1. 采　收

选择晴天中午进行。每年采割 2 次，第 1 次于 6 月下旬～7 月上旬，但不得迟于 7 月中旬，以现蕾盛期至始花期为宜。第 2 次在 10 月上旬～10 月下旬，以始花期至盛花期为宜。收割时齐地面将上部茎叶割下，留桩不能过高，否则影响新苗的生长（图 2.9）。割回后要立即摊开晒干，不要堆积。

图 2.9　薄荷采收

2. 加　工

晒至 7 ~ 8 成干时，扎成小把，晒至全干为止，然后可提炼薄荷油和薄荷脑。以身干满叶、叶色深绿、茎紫棕色或淡绿色、香气浓郁者为佳。

五、留　种

薄荷容易退化，应做好留种、选种工作，常用方法有以下两种：

1. 片选留种

对于只有少量混杂退化的田块，于 4 月下旬苗高 15 cm 时，或 8 月下旬二刀薄荷 15 cm 时，结合除草，分两次连根拔除野生种或其他混杂种，同时拔除劣苗、病苗，以做留种田。

2. 复茬留种

4 月下旬，在大田中选择健壮而不退化的植株，按株行距 15 cm × 20 cm，移栽到留种田里，加强管理，培育至冬初起挖，可获得 70% ~ 80% 白色新根茎，以供留种用。

第六节　石斛栽培技术

石斛为兰科石斛属多年生草本植物，以茎入药。有滋阴清热、生津止渴等作用，分布于我国四川、云南、湖北、安徽、浙江、广东、广西、贵州等省、自治区，喜阴凉湿润的环境，但水分也不宜过多。生长以背阴避光、通风处为宜，强光或暴雨、霜雪对石斛生长不利，由于野生多附在树干上生长，故栽培应选择树皮厚、水分多、树冠茂密、树皮多纵裂沟纹的树种贴植或选富含腐殖质的土壤。贴植期间必须经常供给充足的养料以供其生长。

一、繁殖方法

多采用分株繁殖，其方法有如下三种：

1. 贴树法

秋季或早春贴栽，选树干粗、水分较多的阔叶树，如楠树、枫杨、银杏、梨树等贴栽，选择生长健壮、根多、茎色青绿的石斛株丛，剪去枯茎、断枝、老茎，将过长须根切短至 1.7 cm 长，大株石斛分切，每丛留 4~5 株带嫩茎，选树干平处或凹处用刀砍一浅裂口将石斛株丛基部紧贴在砍口处，用 1~3 颗竹钉钉牢，若贴栽树干枝较凸，则先用刀砍平再钉。也可用竹篾或绳索捆牢，枯朽树枝及树皮处不能贴栽。固定后，用牛粪、豆渣及其他肥料拌和肥泥，涂抹在石斛根部及根周围树皮上（一定不要涂抹在石斛茎基部）以供生长需要。贴植数量可视树干的大小及树枝的多少而定，每株树可栽数丛至数百丛不等（图 2.10）。

2. 荫棚栽种法

选较阴凉潮湿的地方，用砖或石头砌成高 17 cm 的长方形高畦，以防雨水冲刷畦中土壤，用焦泥灰和细砂拌匀，填入畦内，将土壤弄细整平，在畦上搭 1.3~1.7 m 高的棚，棚南面挂草帘，以防烈日曝晒，然后将石斛用前法分株栽

图 2.10　贴树法繁殖石斛

于畦内，再盖 1 cm 厚的细砂，小卵石压紧即可，为了加速繁殖，也可先将石斛按行株距 17～23 cm 直栽，只将尖端露出土面。当茎节上萌发新芽及白色气生根后，挖出横排畦土，用小石块压于土面，上盖 1 cm 厚的细土，待新株长至 7～10 cm 高时，便可分割移栽。

3. 石头栽种法

选较阴湿、生长有苔藓植物的岩石，将石斛分株后放在岩石凹处或固定在石缝里，也可用牛粪、豆渣和泥涂抹在根部，保证石斛生长有足够的养分。

每年追肥两次，第 1 次在 4 月上旬至 5 月下旬，第 2 次在 11 月上旬，用豆渣、牛粪和泥涂抹在石斛根部及周围树皮上。追肥前要拆掉枯干、断茎或气生根，拣净落在茎间落叶，修去过密树枝，使透光适宜。

二、田间管理

1. 浇　水

石斛栽后应保持湿润，植株才能生长良好，遇天旱要适当浇水；但不宜浇水过多，以免积水烂根，导致植株死亡。荫棚栽培的遇冬季晴天要揭开荫棚，若有霜雪或大雨要盖上。

2. 追　肥

栽后第 2 年开始追肥，每年 2 次。第 1 次在 4 月份，由油饼、油脚、猪毛、豆渣、人粪等与牛粪、肥泥、钙镁磷肥和少量氮肥调匀发酵后，薄薄地敷在石斛根际周围，促进其幼芽生长。第 2 次在 11 月上旬，同样用上述稀泥肥敷在石斛根的周围，使其能保温过冬。荫棚栽培的可分次施用水粪，每次每亩 2 000 kg，追肥前要去掉枯干、断茎和气生根。

（1）贴石栽培的石斛：一年内可追肥两次，早春施肥一般在 2 ~ 3 月份，早秋施肥在 9 ~ 10 月份进行，以腐熟的农家肥上清液或多元复合肥水溶液，每亩 1 000 kg 左右，浓度宜低不宜高，以免造成烧根。如果残渣过多，使根的伸长受阻，会影响石斛的正常生长。在干旱时可结合浇水，在水中按规定放入磷酸二氢钾、赤霉素作叶面喷施，既达到施肥的目的，又可降低岩石温度，增加湿度，使其增加新根、新芽，提高其商品性能和产品质量。

（2）贴树栽培的石斛：可将腐熟农家肥的上清液或磷酸二氢钾、赤霉素溶液采用高压喷雾法作根外施肥，施肥水时间与次数应视石斛生长状况，结合降雨情况而定，旱时勤施，涝时少施。

（3）荫棚栽培的石斛：主要施用腐熟农家肥的上清液，施肥水时间及次数主要根据棚内湿度而定，棚内湿度大时少施，久旱无雨时勤施，涝时少施，要注意棚内温、湿度变化，灵活掌握。

但不管采用何种方式栽培的石斛，其施肥水时间都要在清晨露水干后进行，严禁在烈日当空的高温下施用肥水，否则将会严重影响石斛的正常生长。

3. 中耕除草

石斛种植后，每年要进行两次除草工序，种在树上的石斛，很少有杂草生长；种在石头上的常杂草丛生，应随时拔除，遇有枯枝落叶也应清除。栽后 2 ~ 3 年的石斛要将其周围的泥土、枯枝、落叶清除干净，确保根的透气和养分的吸收，同时要对附生树进行整枝修剪，调整郁闭度。

4. 调整荫蔽度

石斛喜阴，以荫蔽度 60% 为宜。每年都应检查荫棚和树林的荫蔽度，对遮荫过大者，应对树枝进行修剪、对荫棚进行改造。如果透光度太大，则应人工遮荫。

5. 修　剪

春季发芽前，应剪去部分老枝、枯枝和过密的茎，以促进萌发出健壮的新茎。种在树上的，还要剪去过密的树枝，以达到适度透光。

6. 翻 蔸

石斛栽种 5 年以后，植株萌发很多，老根死亡，基质腐烂，病菌侵染，使植株生长不良，故应根据生长情况进行翻蔸，除去枯朽老根，进行分株，另行栽培，以促进植株的生长和增产增收。

三、病虫害防治

1. 病 害

（1）石斛黑斑病：为害叶片使叶片枯萎，3～5 月发生。受害嫩叶出现褐色病斑，严重时连接成片，使叶片枯萎脱落。

防治方法：用 1∶1∶150 的波尔多液或 50% 多菌灵 1 000 倍液喷施 1～2 次防治。

（2）石斛煤污病：发病时整个植株叶片表面覆盖一层煤烟灰黑色粉末状物，严重影响叶片的光合作用，造成植株发育不良。通常在 3～5 月或梅雨较长的多雨天气发病。

防治方法：用 50% 多菌灵或石硫合剂 500 倍液喷施 1～2 次防治。

（3）石斛炭疽病：受害植株叶片出现深褐色或黑色病斑，严重的可感染至茎枝。1～5 月发病严重。

防治方法：用 50% 多菌灵或 50% 甲基托布津 1 000 倍液喷施 2～3 次防治。

2. 虫 害

（1）石斛菲盾蚧：寄生于植株叶片边缘或背面，吸食汁液，引起植株叶片枯萎，严重时造成整个植株枯黄死亡，同时还可引发煤污病。

防治方法：本害虫 5 月下旬为孵化盛期，可用除虫菊酯、苏云金杆菌杀虫剂、40% 乐果乳油 1 000 倍液喷雾防治，已成盾壳但量少者，可采取剪除有盾壳老枝，集中烧毁或捻死的办法进行防治。

（2）蜗牛类：包括东风螺和小蜗牛，藏于叶背取食叶肉、茎和花瓣，该虫害年内可多次发生，为害极大。

防治方法：用蜗牛净或用麸皮拌敌百虫，撒在其活动的地方诱杀；或在栽培床及周边环境喷洒敌百虫、溴氰菊酯，也可撒生石灰、饱和食盐水；也可选用蜗克星、密达等杀蜗剂在日落到天黑前撒施，必要时可于两周后追加 1 次；也可采取人工捕捉方法进行防治；及时清除枯枝败叶。

四、采收加工

1. 采　收

栽后 2~3 年即可采收（图 2.11）。生长年限越长，单株产量越高。采收时用刀切下株丛近半，留余继续生长。药用有鲜石斛和干石斛两种，鲜石斛四季均可采收，但以秋后采收品质为好。挖回后如遇冬天则放置于带有少量水分的石板地或砂石地上，用少量水湿润，也可平放在竹筐内，上盖蒲包，注意空气流通，即可药用。

图 2.11　采收石斛

2. 加　工

一般将鲜石斛用火烘干即成，也有用火烫过后晒干的。将采收回来的鲜石斛除去叶片及须根，集中堆放，以稻草或草席覆盖，2~3 d 喷水 1 次，沤 15~20 d，用稻谷壳搓洗掉茎上鞘膜后烘烤，烘烤时火力应均匀，不宜过大，上盖草席、麻袋，半干时翻动 1 次至全干。

第七节　丹参栽培技术

丹参又名紫丹参、赤参、血丹参、红丹参，为唇形科鼠尾草属多年生草本植物，株高 30~100 cm。丹参以干燥的根入药，为常用中药，具有活血化淤，消肿止疼，养血安神的功效，另外还有增强免疫力、保护肾脏等作用，近代医学临床用来治疗冠心病、心绞痛等有显著疗效，市场前景非常广阔。主产于四川、安徽、江苏等省，我国大部分省、自治区均有分布和栽培。

丹参根系发达，对土壤、气候适应性强，喜阳光充足、暖和湿润的环境，耐寒、耐旱、耐砂，怕高温。忌水涝，过砂过黏的低洼土壤不宜栽种。

一、选地整地

丹参的栽培地应选择光照充足、排水良好、浇水方便、地下水位不高的地块，土壤要求土层深厚，质地疏松，pH 值 6～8 的砂质壤土。

由于丹参的生长期长，在整地时，先在地上施好基肥，尽量多施迟效农家肥和磷肥作基肥。一般亩施腐熟的农家肥 5 000 kg，过磷酸钙 50 kg 或磷酸二铵 20 kg，硫酸钾 15 kg，硫酸锌 2 kg，使有机肥和化肥充分混合，深翻 30～40 cm，耙细整平、作畦。一般畦连沟宽 2.5～3 m，畦高 15～25 cm。过长的畦，宜每隔 20 m 的距离挖一腰沟，以保持排水畅通。地块周围挖排水沟，使其旱能浇、涝能排。

二、繁殖方法

以无性繁殖为主，种子繁殖法因生长期长，产品质量差，故少用。

1. 分根繁殖

秋季收获时留出部分地块不挖，到第 2 年 2～3 月间起挖，选择直径为 0.7～1 cm，健壮、无病虫害、皮色红的根作种根，取根条中上段萌发能力强的部分和新生根条，剪成 5 cm 左右的节段，按株行距 25 cm×30 cm 开穴，穴深 5～7 cm，每穴放入根段 1～2 段，斜放，使上端保持向上，注意应随挖随剪随栽，栽后覆土约 3 cm，每亩用种根 50～60 kg（图 2.12）。

图 2.12　丹参分根繁殖

2. 扦插繁殖

于 4～5 月生长旺期，取丹参地上茎，剪成 10 cm 左右的小段，剪除下部叶片，上部叶片剪去一半，然后在做好的苗床上按株行距 6 cm × 10 cm，斜插入土 1/2～1/3，使芽略露出土面，将土压实，立即浇水。做到随剪随插，插后早、晚用喷雾器喷水，保持畦面湿润。待根长至 3 cm 左右时即可移栽大田，此法一般较少用。

三、田间管理

1. 中耕除草

丹参前期生长较慢，应及时中耕除草，一般从移栽到封行前要中耕除草 2～3 次。宜浅松土，以防伤根。4 月上旬齐苗后，进行第 1 次中耕除草；第 2 次于 5 月上旬至 6 月上旬进行；第 3 次于 6 月下旬至 7 月中下旬进行，封垄后停止中耕。

2. 追　肥

结合中耕除草追肥 2～3 次。第 1 次追施稀薄人畜粪水，每亩 1 500 kg；第 2 次追施腐熟人粪尿，每亩 2 000 kg，加饼肥 50 kg；第 3 次重施腐熟、稍浓的粪肥，每亩 3 000 kg，加过磷酸钙 25 kg、饼肥 50 kg，以促进根部生长。

3. 除花蕾

丹参自 4 月中旬至 5 月将陆续抽薹开花，为使养分集中于根部生长，除留种地外，全部剪除花蕾。花蕾要早摘、勤摘，最好每隔 10 d 摘或剪 1 次，连续进行几次。

4. 排灌水

丹参最忌积水,在雨季要及时清沟排水;遇干旱天气,要及时进行沟灌或浇水,多余的积水应及时排除,以免烂根。

四、病虫害防治

1. 病 害

(1)根腐病:5~11月发生,6~7月为害严重。开始根系中个别根条或部分地下茎受害,继而扩展到整个下部。后期根部腐烂,植株地上部萎蔫枯死,最后整个植株死亡。

防治方法:实行水旱轮作或用生物农药抗120的200倍稀释液灌根;加强管理,增施磷钾肥,疏松土壤,促进植株生长,提高抗病力;发病初期喷70%甲基托布津800~1000倍液。

(2)菌核病:5月上旬开始发病,6~7月尤为严重。病菌首先侵害茎基部、芽头及根茎部,使这些部位逐渐腐烂,变成褐色;常在病部表面、附近土面以及茎秆基部的内部,发生灰黑色的鼠粪状菌核和白色的菌丝体。与此同时,病株上部茎叶逐渐发黄,最后植株死亡。

防治方法:保持土壤干燥,及时排除积水;发病初期用井冈霉素、多菌灵合剂喷雾;也可用50%利克菌或50%速克灵的1000倍稀释液喷雾或浇灌;发病期用50%氯硝铵0.5 kg加石灰10 kg拌成灭菌药,撒在病株茎的基部及附近土壤,以防止病害蔓延。

(3)叶斑病:5月初开始发生,可延续到秋末。病株叶片上病斑深褐色,近圆形或不规则形,严重时病斑密布、汇合,叶片枯死。

防治方法:注意开沟排水,降低田间湿度;剥除茎部发病的老叶,以利通风,减少病源;发病前后喷1:1:150的波尔多液。

(4)叶枯病:5月初发生,一直延续到秋末,6~7月最严重。植株下部叶片开始发病,逐渐向上蔓延。发病初期叶面产生褐色、圆形小斑,病斑不断扩大,中心呈灰褐色,最后叶片焦枯,植株死亡。

防治方法:加强田间管理,实行轮作;增施磷钾肥,或于叶面上喷施0.3%磷酸二氢钾,以提高植株的抗病能力;发病初期喷50%多菌灵500~1000倍液或70%甲基托布津800倍液,每隔7~10 d喷1次,连喷2~3次。

（5）根结线虫病：是一种寄生虫病。根结线虫侵入根部后，刺激寄主细胞加快分裂，使根系受害部形成瘤状肿块。细根和粗根各个部位的肿块大小不一，形状各异。瘤状体初为黄白色，外表光滑，以后变成褐色，最后破碎腐烂。线虫寄生后，植株根系功能受到破坏，影响养分吸收，致使植株地上部枯死。

防治方法：水旱轮作，有利淹死线虫，减轻为害；选择肥沃的土壤，避免砂性过重的地块种植，减轻线虫病发生；用 80% 二溴氯丙烷 2～3 kg，兑水 100 kg，在栽种前 15 d 均匀施入土中并覆土。

2. 虫　害

（1）小地老虎：春季为害丹参幼苗。

防治方法：可用 90% 敌百虫 100 g 拌入炒香的茶籽饼 5 kg 作毒饵，撒入田间诱杀。

（2）银纹夜蛾：5～10 月为害，尤以 5～6 月为害严重。该虫将丹参叶子咬成孔洞或缺刻，严重时叶片被吃光，是丹参的主要虫害。

防治方法：可用 90% 晶体敌百虫 1 000 倍液，或 40% 氧化乐果 1 500 倍液，或 25% 杀虫脒水剂 300～350 倍稀释液喷雾。

（3）棉铃虫：幼虫钻食丹参的蕾、花、果，影响种子产量。

防治方法：现蕾期开始喷洒 25% 的灭幼脲 1 000 倍液或 2.5% 的三氟氯氰菊酯 1 000 倍液进行防治，每隔 7 d 喷 1 次，连喷 2～3 次；也可用杨树枝诱杀；释放赤眼蜂、草青蛉等天敌防治。

五、采收加工

1. 种子采收加工

丹参越年开花结实，栽植后的第 2 年，从 5 月底种子开始陆续成熟。在花序上，开花和结籽的顺序是由下而上，下面的种子先成熟。种子要及时采收，否则会自然散落地面。采收时，如留种面积很小，可分期分批采收，先将花序下部几节果萼连同成熟的种子一起摘下，而将上部未成熟的各节留到以后再采收。如果留种面积很大，可在花序上有 2/3 的果萼已经褪绿变黄但未完全干枯时将整个花序剪下，再剪掉顶端幼嫩部分，留下中下部的成熟种子，在晴天太阳下曝晒 3 d，脱粒、扬净、晒干、装袋，放在凉爽通风干燥处保存备用。

2. 根的采收加工

无性繁殖的丹参当年秋天下霜后或第 2 年春天萌发前收刨。种子繁殖的第 2 年秋后或第 3 年春季萌发前收刨，产量高，质量好。丹参根系入土较深，质脆易断，应选晴天土壤半干时挖取。从垄的一端挖深沟，深度由根长而定，当根全部露出后，顺垄逐株小心取出全部根系，在田间曝晒，去掉泥土运回加工，忌用水洗（图 2.13）。

图 2.13　采收丹参根

运回的丹参，剪掉枝叶，摊在太阳下暴晒至五六成干，用手将一株一株的根捏拢，再晒至八九成干又捏一次，把须根全部捏断，晒至足干。商品以足干，呈圆柱形、条短粗、有分枝、多扭曲；表面红棕色或深浅不一的红黄色，皮粗糙多鳞片、易剥落，体轻而质脆；断面红色、黄色或棕色，疏松有裂隙，显筋脉白点；气微，味甘微苦；无芦头，无杂质，无霉变者为佳。

第八节　麦冬栽培技术

麦冬别名麦门冬、寸冬、书带草、沿阶草，为百合科沿阶草属多年生常绿草本植物，株高 14 ~ 30 cm。以地下根茎入药，为常用川产地道中药材，具有滋阴生津、润肺止咳、清心除烦之功效。主治热病伤津、肺热燥咳、肺结核咯血等症。主产四川、浙江、福建、江苏、安徽等省。

麦冬喜温暖湿润、较荫蔽的环境。耐寒、耐湿、耐肥、怕旱（无浇灌条件的田块不宜种植）、忌强光和高温。土质以疏松、肥沃、排水良好的砂质壤土较好，过砂、过黏或酸性土壤生长不良。

一、选地整地

应选择地势高，肥沃、疏松、土层深厚、排水良好的中性或微碱性砂质壤土种植。结合整地，每亩施农家肥 4 000 kg，配施 100 kg 过磷酸钙和 100 kg 腐熟的饼肥作基肥，深耕 25 cm，整细耙平，耙匀起畦，畦宽 1 ~ 1.2 m，高约 20 cm。

二、繁殖方法

采用分株繁殖，每一母株可分种苗 1 ~ 4 株（图 2.14）。四川地区 4 月中下旬至 5 月上旬栽种为宜。选生长旺盛、无病虫害的高壮苗，剪去块根和须根，以及叶尖和老根茎，拍松茎基部，使其分成单株，剪出残留的老茎节，以基部断面出现白色放射状花心（俗称菊花心）、叶片不开散为度。先按行距 10 ~ 13 cm 开沟，深 5 ~ 6 cm，在沟内每隔 6 ~ 8 cm 放种苗 2 ~ 4 株，垂直放于沟中，然后将土填满浅沟，用扁锄推压或用脚踩，将种苗两侧的覆土压紧。栽后立即灌透水 1 次，每亩需种苗 60 kg 左右。

图 2.14　麦冬分株繁殖

三、田间管理

1. 中耕除草

麦冬植株矮小，如不经常除草，则杂草滋生，妨碍其生长。栽后半个月就应除草一次，5～10月杂草容易滋生，每月需除草1～2次，入冬以后，杂草少，可减少除草次数，除草时结合进行锄松表土，以防止土壤板结。

2. 追 肥

麦冬的生长期较长，需肥较多，除施足基肥外，还应及时追肥。栽后1个月苗已返青，应结合浇水每亩追施鲜人粪尿750 kg，以提苗促壮；7～8月追施100 kg腐熟的饼肥和适量草木灰，以利块根迅速膨大；第3次11月份，每亩撒于根际2 000～2 500 kg牛马粪和100～150 kg草木灰，以增强麦冬的抗寒性，促进冬季块根的生长。

3. 排 灌

栽种后，经常保持土壤湿润，以利出苗。7～8月可用灌水降温保根，但不宜积水，故灌水和雨后应及时排水。如遇冬春干旱，则应在2月上旬前灌水1～2次，以促进块根的生长。

4. 摘花葶

为减少养分消耗，7～8月出现花葶时，应及时摘去。

四、病虫害防治

1. 病 害

（1）黑斑病：此病常于4月中旬开始发生，6～7月为盛发期。发病初期叶尖变黄，并逐渐向叶基部蔓延，产生青、白、黄等不同颜色的水渍状病斑。后期叶片全部变黄枯死。土壤贫瘠或施氮肥过多，植株抗病力减弱，则发病严重。

防治方法：选用健株种苗种植；栽种前用1：1：100倍波尔多液或65%代森锌可湿性粉剂500倍液浸种苗5 min，以杜绝种苗带菌；加强田间管理，及时排除积水；冬季将枯株病叶清理干净，并进行烧毁；发病期用1：1：200倍波尔多液或50%多菌灵1 000倍液喷雾防治，每隔7～10 d喷1次，连喷3～4次。

（2）根结线虫病：被线虫为害的植株根部形成大小不等的根结，呈念珠状，根结上又可长出不定毛根，这些毛根末端再次被线虫侵染，形成小的根结。块根上也生有根结，造成须根缩短，表皮粗糙、开裂，呈红褐色，降低产量与质量。

防治方法：与禾本科植物轮作；选用无病健壮种苗，剪净老根防止带虫；进行土壤处理：种植前每亩用5%克线磷颗粒剂5 kg施入畦土内，也可用40%甲基异硫磷乳油，每亩1 kg加细砂适量撒于畦土内，与表土混匀，再进行栽种。

（3）根肿病：病株叶色变淡，凋萎下垂，根部肿大呈瘤状。主根上的瘤多靠近上部，球形或近球形，表面凹凸不平，粗糙，后期表皮开裂或不开裂；侧根上的瘤，多呈圆筒形，手指状；须根上的瘤，数目可多达20余个，并串生在一起。发病后期，病部易被软腐细菌等侵染，造成组织腐烂或崩溃，散发臭气致整株死亡。

防治方法：进行3年以上的轮作；加强田间管理，及时排除田间积水；及时拔除、销毁病株；发病后每亩用木霉菌可湿性粉剂1 000 g兑水灌根，90 d后再灌根1次。

2. 虫　害

（1）蝼蛄：成虫和若虫都能为害，咬食苗根。一年发生3代，以成虫或若虫越冬。第2年3～4月开始发生。

防治方法：栽种前结合整地，每亩用50%辛硫磷乳油0.5 kg，兑水配成800倍液，喷洒土面，并把表层药土翻入土中；麦冬生长期，每亩用5%辛硫磷颗粒剂3 kg或5%甲基异硫磷颗粒剂3 kg，兑细土20～30 kg，混合均匀撒于畦土上面；用香料诱杀。

（2）地老虎：一般5～6月发生，主要为害麦冬的根部。

防治方法：每亩可用40%甲基异硫磷或50%辛硫磷乳油0.5 kg兑水750 kg灌根进行防治。

（3）蛴螬：一般在8～9月发生，为害根及幼苗，影响生长。

防治方法：栽种前土壤拌毒死蜱或辛硫磷颗粒剂；苗期用辛硫磷拌食饵诱杀或撒施毒死蜱、辛硫磷颗粒剂防治；可用90%敌百虫200倍液喷杀。

五、采收与加工

栽后2～3年收获，收获期4月中旬至5月上旬。选晴天先将全株刨出，抖去泥土，摘下所带块根，并将土中的拣净，然后从地一头挖深 30 cm、宽 50 cm 的沟，将土一层层劈在沟内耧碎，拣出块根后，把土翻向后边，这样顺序前刨，直到刨完（图 2.15）。剪下块根和须根，洗净泥土即可进行加工。

图 2.15　麦冬采收

将洗净的块根放在晒席上或晒场上曝晒，晒干水汽后，用双手搓（不要搓破皮）后再晒，晒后再搓，反复 5～6 次，直到去尽须根为止，等干燥后即成麦冬商品（图 2.16）。以块根肥大、两端修净、无杂质和须根、无破坏和虫蛀、黄白色、质柔韧、嚼之发黏者为佳。

图 2.16　暴晒麦冬

第九节　泽泻栽培技术

泽泻别名水泽、天鹅蛋、一枝花、如意花，为泽泻科泽泻属多年生沼泽草本植物，株高 50～100 cm。以块茎入药，有清热、渗湿、利尿、降血脂之功效。主治冠心病、心血管病和肾脏疾病。主产于福建、江西、四川等省，广东、广西、云南、贵州、安徽等省也有栽培。

泽泻苗期喜荫蔽，成株喜阳光，喜生长在温暖地区，耐高温，怕寒冷。土壤以肥沃而稍黏的土质为宜，通常栽培在水田或烂泥田里。

一、选地整地

育苗地宜选择阳光充足、土层深厚、土壤肥沃而稍带黏性、水源充足、排灌方便的早稻田。于播前 3 d，排除过多的田水，每亩施腐熟堆肥或人粪水 200 ~ 300 kg，然后进行深犁细耙，把肥料翻入土中。然后把泥土耙烂耙平，做成宽 100 ~ 120 cm，高 10 ~ 13 cm 的东西朝向的苗床。苗床一般要呈瓦背形，以利排灌水。

移栽地宜选土壤肥沃、土层深厚、前茬以早稻或莲子等的水田。要施足基肥，每亩施腐熟的畜粪或土杂肥 3 000 ~ 4 000 kg，磷肥 30 ~ 50 kg，然后进行深耕、细耙、整平，以待播种。

二、繁殖方法

采用种子繁殖，育苗移栽。

1. 育　苗

6 ~ 7 月播种，每亩苗床用种量为 1.5 ~ 2 kg。播前将选好的种子用纱布包好，放流动清水中冲洗 1 ~ 2 d，取出后晾干表面水分，拌 15 倍种子量的细砂撒于苗床上，播后用扫帚拍打畦面，使种子入土，以防被水冲走，约 3 d 后幼芽出土。苗期需经常湿润畦面，可采用晚灌早排法，水以淹没畦面为宜，苗高 2 cm 左右时，浸 1 ~ 2 h 后即要排水，随着秧苗的生长，水深可逐渐增加，但不得淹没苗尖（图 2.17）。经过 30 ~ 40 d 的育苗后便可移栽。

图 2.17　泽泻育苗

2. 移　栽

于 8 月下旬早稻收后，于阴雨天带泥挖起健壮幼苗，去掉脚叶、病叶、枯叶。一般按行株距 30 cm × 25 cm，每穴栽苗 1 株，苗要浅栽入泥 2 ~ 3 cm，栽直、栽稳、定植后田间保持浅水勤灌。

三、田间管理

1. 苗期管理

泽泻苗期需遮荫，可在苗床上搭棚或插杉树条遮荫，郁闭度控制在 60% 左右。1 个月后可逐步拆除荫棚。当苗高 3 ~ 4 cm 时，即可进行间苗，拔除稠密的弱苗，保持株距 2 ~ 3 cm。结合间苗进行除草和追肥两次，第 1 次每亩施稀薄人畜粪 1 000 kg 或硫酸铵 5 kg 兑水 1 000 kg 浇苗床，浇时勿浇在苗叶上，第 2 次可在 20 d 后再追施 1 次，追肥前排尽田水，肥液下渗后再灌浅水。

补苗：泽泻移栽后的 1 ~ 2 d 内，要仔细检查田里的苗情，发现有未栽好或被风吹倒或缺株的，应立即扶正和补齐，以保证全苗。

2. 定植后管理

（1）中耕施肥：泽泻中耕主要是耘田除草，并结合施肥，一般进行 3 次左右。通常先追肥后耘田，拔除杂草连同剥掉黄枯叶踏入泥中。第 1 次中耕追肥于移植 15 d 左右进行；第 2 次追肥耘田在第 1 次追肥后 20 d 进行，以上两次每亩施粪水 1 000 ~ 1 500 kg；第 2 次适当增施磷肥和饼肥 50 kg；第 3 次在封行前进行，亩施人畜粪水 1 000 kg，磷肥和饼肥 60 kg，草木灰 100 kg，施后耘田。

（2）灌溉排水：泽泻在整个生长期需要保持田内有水，灌水的深浅要根据泽泻的不同生长期进行，在插秧后至返青前宜浅灌，水深为 3 cm，以后逐渐加深，经常保持 3～5 cm 的水深。采收前的 1 个月内，可视泽泻生长发育情况进行排水、晒田，以利球茎生长和采收。

（3）摘薹除芽：泽泻的侧芽和抽薹要消耗大量养分，影响块根生长，在植株周围长出侧芽时要及时摘除。一些早薹的植株和非留种田应及早将其花薹打掉，打薹时应摘至薹基部，免得以后又发侧芽。

四、病虫害防治

1. 病　害

（1）白斑病：为害叶、叶柄，产生红褐色病斑，一般多在高温多湿条件下发病，8～9 月发病严重。

防治方法：播前用 40% 的甲醛 80 倍液浸种 5 min，洗净晾干待播；发病期用 50% 的托布津或代森铵可湿性粉剂 500～600 倍液喷洒，每隔 7～10 d 喷 1 次，连喷 2～3 次；发现病叶立即摘除，用 1∶1∶100 的波尔多液进行喷雾保护。

（2）猝倒病：苗期病害，发病时在幼苗茎基部腐烂，幼苗猝倒，致使植株枯死。

防治方法：发病后用 1∶1∶200 的波尔多液喷洒；肥料要充分腐熟；灌溉水深要适度。

（3）白绢病：为害泽泻的茎基部。

防治方法：播种前用 50% 甲基托布津浸种 10 min；发现病株及时拔除，病区撒上石灰。

2. 虫　害

（1）银纹夜蛾：幼虫咬食泽泻叶片，7～8 月为害秧田，9 月上旬为害本田。

防治方法：利用幼虫的假死性，进行人工捕捉；也可用 80% 敌百虫 1 000～1 500 倍液，或杀虫脒 1 000～1 500 倍液喷雾防治，每隔 7 d 喷 1 次，连喷 2～3 次。

（2）蚜虫：7～8 月多发，为害叶柄和嫩茎。

防治方法：在田间可用 40% 乐果 1 000～1 500 倍液喷杀。

（3）泽泻缢管蚜：无翅成虫群集于叶背和嫩茎上吸吮汁液，导致叶片枯黄，影响块茎生长和开花结果。9~11月为害严重。

防治方法：育苗期可喷40%乐果乳油2 000倍液，每隔7 d喷1次，连喷3~4次；成株期用40%乐果乳油1 500倍液或50%的拉松乳油1 000倍液喷洒，每隔5~7 d喷1次，连喷3~4次。

五、采收与加工

移植后120~140 d即可采收，秋种泽泻可于当年12月下旬采收；冬种泽泻在次年2月末抽薹前采收。采收时，全株挖起，剥除叶片，留下3 cm长的顶芽，避免烘晒时流出汁液，然后洗去须根上的附泥（图2.18）。

图2.18 泽泻采收

可先晒1~2 d，然后用火烘焙。第1天火力要大，第2天火力可稍小，每隔1 d翻动1次，第3 d取出放在撞笼内撞去须根及表皮，然后用炭火焙，炼后再撞，直到须根、表皮去净及相撞时发出清脆声即可。以个大、色黄白、光滑粉性足者为佳。

第十节 川贝母栽培技术

川贝母为百合科贝母属多年生宿根类草本植物,喜湿润耐寒冷,以鳞茎入药。有清热润肺、化痰止咳的功效。用于治疗肺热燥咳、干咳少痰、阴虚劳嗽、咯痰带血等症。川贝母分布较广,主产于我国四川、陕西、湖北、甘肃、青海和西藏。

川贝母喜生长于冷凉湿润、土质疏松、排水良好、富含腐殖质的砂质壤土上。具有耐寒、喜湿、怕高湿、喜荫蔽的特性。气温达到 30 ℃ 或地温超过 25 ℃ 时，植株就会枯萎；海拔低、气温高的地区不能生存。在完全无荫蔽条件下种植，幼苗易成片晒死；日照过强会促使植株水分蒸发和呼吸作用加强，易导致鳞茎干燥率低，贝母色稍黄，加工后易成"油子"、"黄子"或"软子"。

一、选地整地

选背风的半阴半阳的坡地为宜，并远离麦类作物，防止锈病感染；以疏松、富含腐殖质的壤土为好，黏土、砂土均不适宜。结冻前整地，清除地面杂草，深耕细耙，作 1.3 m 宽的畦。每亩用厩肥 1 500 kg，过磷酸钙 50 kg，油饼 100 kg，堆沤腐熟后撒于畦面并浅翻；畦面作成弓形。

二、鳞茎繁殖

7~9 月间收获时，选择无创伤、无病斑的鳞茎作种，用条栽法，按行距 20 cm 开沟，株距 3~4 cm，栽后覆土 5~6 cm。或在栽时分瓣，斜栽于穴内，栽后覆细土、灰肥 3~5 cm 厚，压紧镇平（图 2.19）。

图 2.19 川贝母鳞茎繁殖

三、田间管理

1. 搭棚遮荫

川贝母生长期需适当地遮荫。播种后，春季出苗前，揭去畦面覆盖物，分畦搭棚遮荫。搭高 15 ~ 20 cm 的矮棚，第 1 年郁闭度 50% ~ 70%，第 2 年降为 50%，第 3 年降为 30%；收获当年不再遮荫。搭高棚，高约 1 m，郁闭度 50%。最好是晴天荫蔽，阴雨天亮棚炼苗。

2. 除 草

川贝母幼苗纤弱，应勤除杂草，不伤幼苗。除草时带出的小贝母随即栽入土中。每年春季出苗前，秋季倒苗后应用镇草宁除草 1 次。

3. 追 肥

秋季倒苗后，每亩用腐殖土、农家肥，加 25 kg 过磷酸钙混合后覆盖畦面 3 cm 厚，然后用搭棚树枝、竹梢等覆盖畦面，保护贝母越冬。有条件的每年追肥 3 次。

四、病虫害防治

1. 病 害

（1）锈病：为川贝母主要病害，病源多来自麦类作物，多发生于 5 ~ 6 月。

防治方法：选远离麦类作物的地种植；整地时清除病残组织，减少越冬病源；增施磷钾肥，降低田间湿度；发病初期喷甲基托布津可湿性粉剂 800 ~ 1 000 倍液或粉锈宁 1 000 倍液，每隔 7 ~ 10 d 喷 1 次，连喷 3 ~ 4 次。

（2）立枯病：为害幼苗，发生于夏季多雨季节。

防治方法：注意排水，调节郁闭度，以及阴雨天揭棚盖；发病前后用 1：1：100 的波尔多液喷洒。

（3）根腐病：5 ~ 6 月发生，根发黄腐烂。

防治方法：加强田间管理，注意排水，降低土壤湿度，拔除病株；用 5% 石灰水淋灌，防止扩散；发病后，可用 50% 多菌灵 500 倍液浇灌病区。

2. 虫　害

（1）金针虫和蛴螬：4~6月为害植株。

防治方法：每亩用50%氯丹乳油0.5~1 kg，于整地时拌上或出苗后掺水500 kg，灌水防治；或用烟叶熬水淋灌（每亩用烟叶2.5 kg，熬成75 kg原液，用时每1 kg原液兑水30 kg）。

（2）地老虎：主要咬食川贝母的茎叶。

防治方法：早晚捕捉或用90%晶体敌百虫拌毒诱杀。

（3）蚂蚁：一年生贝母苗有时会遭到蚂蚁伤害。

防治方法：可用0.5%敌百虫液加入少许红糖，浸纸片或玉米芯片，置贝母地四周或地内诱食毒杀。

（4）老鼠、野禽：有时也会为害川贝母。

防治方法：可用磷化锌或敌鼠钠制备毒谷、毒饵进行诱杀，或人工捕杀。

五、采收与加工

川贝母于7月中下旬地上部茎叶黄萎后，选晴天采挖（图2.20）。采挖时切勿碰伤鳞茎。将挖出的鳞茎用水清洗干净，然后摊开在竹篱或竹席上，连续暴晒。暴晒时不要翻动，直到贝母鳞片上发白上粉后再翻动。没晒干的贝母不能堆放，否则贝母泛油发黄，品质变劣。若遇阴雨天，可堆埋于含水较少的砂土中，待天晴后再晒干。也可置烘灶内，用40 ℃左右的温度烘干。

图2.20　采挖贝母

第十一节　三七栽培技术

三七别名田七、金不换，为五加科人参属多年生草本植物，以根、根状茎入药，是名贵的中药材。生用可止血化瘀、消肿止痛，是云南白药的主要成分，也可当茶饮。三七主产于云南和广西。此外，四川、贵州、广东、湖南、福建、江西、湖北、浙江等省也有栽培。

目前，以三七为主要原料开发出的产品有 6 大类、300 多种，涉及药品、保健品、药酒、饮品和化妆品等。我国有 300 多家企业生产三七制剂，其中 4 个产品（复方丹参片、三七片、三七伤药片、跌打丸）的三七用量占全国医药工业总用量的 70%。由此可见，三七在我国用途广泛，需求量大。现将三七栽培的技术要点归纳如下。

 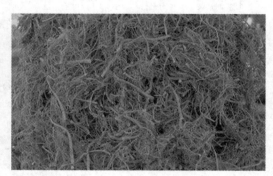

一、选地整地

土壤一般以黑色砂质壤土为最好。土壤 pH 值 4.5 ~ 7 为宜。前茬作物为玉米、豆类、花生为好。8 月下旬至播种前耕地 3 次，第 1 次耕深 3 cm，第 2 次耕深 4 ~ 5 cm，耙一次。第 3 次耕深 5 cm，将土耙细，随即做成高 25 ~ 30 cm、宽 100 ~ 110 cm 的畦，畦面做成梳背形，两畦间排水沟 45 ~ 60 cm，移栽地与播种地相同，然后在畦面上铺玉米秸秆或杂草 5 cm 厚左右，烧成灰，再每亩准备充分腐熟的粪肥：炕土 3 500 kg，厩肥 1 500 ~ 2 000 kg，饼肥 25 ~ 50 kg，总量 5 000 kg，待播种与定植时用。播种与定植时把肥料直接放到根土或种子上做覆土用，覆土深度 2 cm。

二、繁殖方法

1. 选留良种

作种用的三七种子应选三年生植株所结的种子，每年 11 月果实红熟时，随红随采，或者 80% 以上成熟时选晴天一次采下，去掉果皮，将成熟饱满、无病虫害的种子边采边播。如果来不及播种时，一定要将果实放筛内，厚约 0.5 ~ 1 cm，放阴凉通风处可保存 10 d 左右。

2. 播种方法

主产区多采用冬播，北方也可采用春播（化冻后），点播，行距 2 cm，株距 1.7 ~ 2 cm。撒播种子分布不均匀，植株生长不一致。覆土（实际上就是盖肥料，按前述施底肥的方法做或盖过筛细土）2 cm，盖没种子即可。上盖杂草，避免畦土板结。南方冬播约 3 个月出苗，4 个月出齐。北方冬播，播后盖草，防止土壤冻结，若春播种子必须放湿砂中贮藏，用裂口或萌发的种子播种，播后 1 个月即可出苗。

3. 定植方法

播后 1 年或 2 ~ 3 年定植，南方地区多在 12 月定植，北方多在 11 月或者 3 月中旬至 4 月初（土壤化冻后），芽未萌动时定植。挖苗时不要伤根，选无病虫害、健壮的三七根，按大小分级，分别定植。定植方法：（1）在整好的畦上横向开槽（打塘），底平，深 6 cm 左右，宽以能放入三七根即可，芽苞向坡下，尾根向坡上，行株距 4 ~ 5 cm。（2）双株栽植：在畦面上横开小沟，深 4 ~ 5 cm，沟距 5 ~ 6 cm，然后将三七根芽对芽，尾对尾顺沟每隔 6 cm 放入 2 株，畦边的 2 株，根向畦内，边栽边盖已准备好的肥料，厚约 1 cm，以不露出芽苞为宜，再盖草约 1 cm 厚。

三、 田间管理

1. 追　肥

肥料要腐熟，适量多次。秧苗期间多施熏土，展叶后施第一次，每亩 150 ~ 200 kg；半月后再施 1 次，5 月后又追施猪、马、人粪和油饼混合肥，每亩 2 500 kg，6 月后每亩追清粪水 2 000 kg，直到 8 月。定植后翌年 4 ~ 5 月施一次干肥。6 ~ 8 月施清粪水 1 次，每亩 1 500 ~ 3 000 kg，以多次适量为原则。3 年以上的三七，追肥时间和次数，更比 2 年三七提早和增加，展叶后开始，每月 1 次清粪水，每亩 1 500 ~ 2 000 kg，并加施草木灰，于现蕾期和开花期施混合干肥，每亩 3 000 kg，9 ~ 10 月再施一次盖芽肥，护芽促壮。

2. 排　灌

三七的根系分布在土表层，抗旱能力很弱，在整个生长期，必须保持土壤湿润。若土壤干燥，三七根干了，以后再进行浇水容易烂根。定植和播种盖草后一般浇一次透水，以后大约每隔 10~15 d 浇水 1 次，雨季加强排涝，做到园内无积水，园外水畅通。

3. 摘除花薹

不留种的三七需要摘除花薹，目的是不让养分向花运输，能明显提高三七的产量，有利于干物质的积累，同时增强植株的抵抗力。因此，除按计划留种的地块不摘除花薹外，其他大面积种植的三七均需摘除花薹，尤其是 2 年生三七，一般结果数不多，种子又较小，种子重量比 3~4 年生三七的种子重量轻10% 左右，作为育苗播种用，种子质量差。因此，2 年生三七的花薹要全部摘除，不提倡作留种用。

摘除花薹方法是：2 年生三七在花序抽出达 2~3 cm 高时，将花蕾摘除；3 年生及 3 年生以上的三七，花序抽出达 3~5 cm 时摘除（图 2.21）。

图 2.21　摘除三七花薹

四、病虫害防治

1. 病　害

（1）立枯病：主要为害三七的种子、种芽及幼苗。种子受害腐烂呈乳白色浆汁状，种芽受害呈黑褐色死亡；幼苗受害假茎（叶柄）基部呈暗褐色环状凹陷，幼苗折倒死亡。

防治方法：播种前用多菌灵或紫草液进行土壤消毒；发现病株及时拔除，在病株周围撒施石灰粉，并喷洒 50% 甲基托布津 1 000 倍液或 50% 甲基立柏磷 1 000 倍液。

（2）根腐病：主要为害三七的根部，受害部黑褐色逐渐软腐呈灰白色浆汁状，有腥臭味。

防治方法：选排水良好的地块种植，雨季及时排水；移栽时选用健壮无病三七；及时拔除病株和用石灰消毒病穴；发病期用多菌灵 100 倍液或 50% 甲基托布津 1 000 倍液浇灌病区。

（3）疫病：主要为害三七的叶片，受害叶片呈暗绿色水渍状。6~8 月高温多湿时发病重。

防治方法：清洁田园，冬季拾净枯枝落叶，集中烧毁；发病前喷 1∶1∶50 的波尔多液，每隔 15 d 喷 1 次，连喷 2~3 次；发病后喷 65% 代森锌 500 倍液，或 50% 退菌特 1 000 倍液，或敌克松 500 倍液，每隔 7 d 喷 1 次，连喷 2~3 次。

（4）炭疽病：主要为害三七的地上部，叶部病斑黄褐色，有明显的褐色边缘，后期病斑上有小黑点，易穿孔；叶柄和茎部病斑为中央下陷的黄褐色菱形斑；果实上病斑呈圆形微凹的褐色斑，高温多湿发病严重。

防治方法：清洁田园，及时烧毁枯枝落叶；选用无病三七作种，移栽前用 1∶1∶200 波尔多液浸一下，晾干后移栽；种子用 100~150 倍的 40% 甲醛溶液浸泡 10 min，用清水洗净，晾干后播种；发病期喷 65% 代森锌 500 倍液，或 50% 退菌特 1 000 倍液，每隔 7 d 喷 1 次，连喷 2~3 次。

（5）锈病：主要为害三七的叶片，叶上病处初呈针尖突起的小黄点，扩大后呈圆形或放射状，边缘不整齐，病菌孢子堆破裂后散失黄粉。

防治方法：冬季剪除病株的茎叶，喷 1~2 波美度石硫合剂；发病期喷 200~300 倍二硝散或 0.3 波美度石硫合剂，或敌锈钢 300 倍液，每隔 7 d 喷 1 次，连喷 2~3 次。

（6）白粉病：主要为害三七的叶片，病叶上布满灰白色粉末。

防治方法：冬季清园并剪除病株叶，喷 1~2 波美度石硫合剂；发病初期喷 0.3 波美度石硫合剂或 50% 甲基托布津 1 000 倍液，每隔 7 d 喷 1 次，连喷 2~3 次。

2. 虫 害

（1）短须螨：成虫、若虫群集于叶背吸食汁液并拉丝结网，使叶变黄，最后脱落；花盘和红果受害后造成萎缩和干瘪。

防治方法：冬季清园，拾净枯枝落叶并烧毁，清园后喷 1 波美度石硫合剂；4 月开始喷 0.2～0.3 波美度石硫合剂，或用 20% 三氯杀螨砜可湿性粉剂 1 500～2 000 倍液，或 25% 杀虫脒水剂 500～1 000 倍液喷雾，每隔 7 d 喷 1 次，连喷数次。

（2）蛞蝓：咬食种茎、茎叶成缺刻。晚间及清晨取食为害。

防治方法：冬季翻晒土壤；种前每亩用 20～25 kg 茶籽饼作基肥；发生期于畦面撒施石灰粉或 3% 石灰水喷杀。

五、采收加工及留种

1. 采　收

种植 3 年以上的三七才可采收。原因是随着栽培年龄的增长，三七产量也呈递增的趋势，至第 3 年增长最快，三七种植 3 年后，有效成分（皂苷和多糖）积累和干物质积累在 10～11 月达到最高，种植 4 年后增长速度明显变缓，有效成分的积累也变慢，并且病虫害严重，成本增加。因此，三七收获的年龄以 3 年生的三七最为适宜。

采收分 2 次进行，第 1 次是在 10 月，由于没有留种，块根养分丰富，产量高，主根折干率一般为 1∶3～1∶4，加工后的三七饱满，表皮光滑，此次采挖的三七称"春七"。第 2 次是在 12 月至次年 1 月，由于要留种，养分主要供给花和种子，养分消耗大，产量低，主根折干率一般为 1∶4～1∶5，加工后的三七皱纹多，质轻，内部空泡多，质量次于"春七"，故一般将留种后采挖的三七称为"冬七"。

采收前 10 d 剪去三七植株的地上部分，选择晴天起挖，挖时注意防止损伤主根。

2. 加　工

将挖起后的三七，除去茎秆后，洗净泥土，剪去芦头（羊肠头）、支根和须根，剩下部分称"头子"。将"头子"暴晒 1 d，进行第 1 次揉搓，用力要轻，以免破皮，反复日晒、揉搓，使其紧实，直至全干，即为"毛货"（图 2.22）。将"毛货"置麻袋中加粗糠或稻谷往返冲撞，使外表呈棕黑色光亮，即为成品。如遇阴雨天气，可在 50 ℃ 以下烘干，用木炭为好，在室内事先搭好的 100 cm 高的架子上放竹帘，将三七铺在上面，火不宜太大，火力要均匀，烘的过程中要不断翻动，进行揉搓（方法同上）。

图 2.22　三七初加工

3. 留　种

留种应选择生长健壮、无病虫害、结果饱满的 3 年生三七留种，在 6 月三七抽薹时将花盘周围密生的小叶和过多的变异花摘除，避免养分消耗，对开花结果不利。为防止果实太多，植株被坠断，应在距离植株 6～7 cm 处插一根长约 60 cm 的竹子，用绳子在花盘下 3 cm 左右把花梗与竹子拴好，以防止果实折断。对留种田要加强病虫害防治和追施叶面肥，保证养分的供给，促进种子饱满和提高种子产量。病害发生较多而严重的三七园植株不能留种，否则会因种子带菌而导致苗期病害的发生。另外，尾籽发芽迟缓，生长势弱，抗病性较差，也不宜留种。

第十二节　天麻栽培技术

天麻为兰科天麻属多年寄生草本植物。天麻的干燥块茎，别名赤箭、明天麻、水洋芋、鬼麻、木浦等，为常用名贵中药。该药有平肝息风的功能，用于治疗头晕目眩、小儿惊风、癫痫、肢体麻木、半身不遂等症。其中所含的天麻素及其甙元有较好的镇静和安眠作用。该植物往往野生于气温较低，常年多雨、雾，湿度较大，海拔 1 200～3 500 m 的山谷林下腐殖质较厚的黑砂土中，现在我国许多省份均有栽培，主产区为云南、贵州、四川。

栽培天麻的土壤应选择土质疏松、利水、透气性好的砂壤土或腐殖土，忌用黏土和黄泥土，土壤 pH 值 5.0～6.0 为最好。一般纯针叶地不宜栽培天麻。人工栽培杂交天麻海拔最好选在 500 m 以上，500 m 以下必须在室内、地下室或防空洞内栽培。室外栽培天麻时，对海拔在 800 m 以下的地区应选择温度较低，湿度较大的阴坡栽培；海拔在 1 000 m 左右的中山区宜选半阴半阳坡；海拔在 1 300 m 以上的高山区应选择阳坡栽培。

一、繁殖方法

1. 无性繁殖

1）菌材的培养。

天麻无根无叶，不能自养，必须依靠密环菌与其共生。因此，栽培天麻首先要培养好长有密环菌的"菌材"。

在 5～8 月，选择无油脂、无芳香味等异味，材质致密、坚实的阔叶树木材，如：槲树、栓皮栎、毛栗、桦树等，用 6～18 cm 粗细的树棒，锯成 50 cm 长的段，并在树棒的皮部破好鱼鳞口。选择透气利水的阳坡或早晚阳坡砂壤地，挖深 50 cm、长宽随菌材多少而定的坑，但坑的容量以每坑放置菌材量不超过 200 根为限。在坑底先铺一层新鲜木材段，再用湿砂土填好缝隙。湿砂土的含水量在 65% 左右（用手捏土可成团、掉在地上可散开）。第 2 层铺放菌种，然后继续一层树棒、一层菌种，直至距坑口 10 cm 为止。最后再用湿砂土覆盖与地面齐平（图 2.23）。菌材经培养 50 d 左右就可长好使用。

图 2.23　天麻菌材培养

2）麻种栽植。

天麻可春栽或冬栽。春栽在 3 ~ 4 月，冬栽在 11 ~ 12 月进行。栽植方法采用"菌材加新材法"，即：选择砂地或砂壤地，按行向挖深 30 cm、宽 1 m、长随行长而定的凹畦，在畦的下层两边各放 1 根菌材，中间菌材、新材间隔放，相邻两材间相隔 2 ~ 3 cm 宽。

以白麻和米麻为麻种，在林间播种，每两林间播种麻种 3 ~ 4 个。播种麻种要靠近菌材平行摆放。栽完 1 层后，用湿砂土填充好空隙，再均匀铺盖 2 cm 厚的湿砂土。第 1 层播种完毕，再按同样方法放第 2 层菌材、播种第 2 层天麻，并用湿润砂土填缝。每个坑只可播种 2 层。最后再盖 10 cm 左右厚的湿润砂土封埋（图 2.24）。

图 2.24　麻种栽植

2. 有性繁殖

1）杂交制种。

冬、春季选择新鲜、没有损伤、健壮的种麻，用菌材伴栽 1 层。栽植时把种麻平放，顶芽朝上，然后再盖腐殖土。春栽盖 3 cm 厚的湿润腐殖土。冬栽先盖 16 cm 左右厚的腐殖土，待春季再把土扒开。天麻出苗后，搭建遮荫棚遮荫，并绑架固定麻秆，以防倒伏。干旱时适量浇水。种麻开花后，进行人工授粉，以提高座果率。6 ~ 7 月待果序下部果实陆续向上成熟时，从下往上陆续采收。采果后，抖出种子，随即播种。

2）培养菌床。

3 ~ 4 月份，选择土层深厚、不易积水的砂土或砂壤土地块，整平后打成宽 1 m、长 3 ~ 5 m、深 30 cm 的凹畦，畦埂宽 30 ~ 40 cm，并整平畦底。选择质量好的菌材放在苗床的底层，两材间距离不大于 1.5 cm，用湿润砂土填好缝隙。

菌材上再放新材，在新材间填湿润砂土，并盖湿润砂土与地平。

3）播种方法。

7～8月，当种子成熟时，将已培养好的菌床上层菌材揭去，扒开下层菌材缝隙的砂土，在缝隙间填入落叶、铺平菌床后，再将天麻种子均匀撒播在落叶上，并盖好原上层菌材，最后再盖10～13 cm厚的湿润砂土。播种后第2年11月即可收获、移栽。

二、栽后管理

杂交天麻栽后要加强温度、水分、土壤、病虫害这4个方面的管理。

1. 温　度

从防高温，防冻害两方面入手。夏季温度应控制在30 ℃以内，采取搭棚、喷水、盖腐叶等措施降温。冬季来临前，用草及落叶或加厚盖土层进行防低温。海拔在800 m以上的地区，冬季可覆盖地膜增温。

2. 湿　度

从防干旱、防涝两方面入手。夏季高温干旱，应经常浇水或加厚盖草、落叶保湿。同时，起好排水沟，防止天麻被水浸水冲。

3. 保　土

栽后不动畦土，见草立即拔除。雨后立即盖土，生长期每隔2周松1次表土。

4. 增产措施

为进一步提高杂交天麻栽培产量，在生长期每隔15 d用10%的土豆溶液或用0.5%的多维葡萄糖溶液在晚上进行浇灌，可增产30%～40%。

三、病虫害防治

1. 病　害

（1）腐烂病：天麻块茎皮部萎黄，中心腐烂，掰开块茎，内部异臭；有的块茎组织内部充满了黄白色或棕红色的蜜环菌索；有的块茎会出现紫褐色病斑；有的块茎捏之渗出白色浆状浓液等。

防治方法：选地要适当，地势低洼，或土质黏重，通透性不良多发此病；加强窖场管理，做好防旱、防涝，保持窖内湿度稳定，提供蜜环菌生长的最佳条件，以抑制杂菌的生长；选择完整、无破伤、色鲜的白头麻或水麻作种源，采挖和运输时不要碰伤和日晒，菌种量要充足，有杂菌的菌种不能使用；栽种天麻的培养料最好进行堆积、消毒、晾晒；选干净、无杂菌的腐殖质土、树叶、锯屑等作填充物，并填满空隙，不宜压实，也不要漏填，使天麻播后营养充足，生长良好。

（2）日灼病：天麻抽茎开花后，由于未搭荫棚，在向阳的一面茎秆受强光照射而变黑，在雨天，易受霉菌侵染而倒伏死亡。

防治方法：在抽茎前应搭好荫棚；露天培育种子时，育种圃应选择树荫下或遮荫的地方。

2. 虫　害

（1）蛴螬：金龟子的幼虫。以幼虫咬食天麻茎块，将茎块咬成孔洞或将正在发育中的天麻顶芽破坏，一方面造成减产，另一方面降低产品品质。

防治方法：在整地和栽种、收获天麻时，将挖出来的蛴螬消灭；在播种或栽植前，用50%辛硫磷乳油30倍溶液喷于窖内底部和四壁，再将此液拌于填充土壤中；若在栽培后发现，可用此药700～1000倍液或90%的敌百虫稀释成800倍的水溶液穴内浇灌；设置黑光灯诱杀成虫。

（2）介壳虫：为害天麻的介壳虫主要是粉蚧。冬季以若虫或成虫群集于天麻块茎或菌材上越冬，雌成虫大多数集中固着一处，分泌绒毛状卵囊，边分泌蜡丝边产卵，群体为害天麻，使天麻块茎颜色加深，并影响块茎生长，使块茎瘦弱。

防治方法：天麻采收时若发现块茎或菌材上有粉蚧，则应将该穴的天麻单独采收且不可用该穴的白麻、米麻做种，严重时可将菌棒放在原穴中加油焚烧，杜绝蔓延。

（3）蚜虫：为害天麻的蚜虫种类较多，其繁殖能力极强，每年至少发生10～30代，生活在麦田、草地等处，5～6月份以成虫和若虫群集于天麻花茎及花穗上，刺吸组织汁液，植株被害后，生长停滞、矮小、畸形，花穗弯曲，影响开花结实，导致果实瘦小。

防治方法：48%乐斯本乳油1000倍液喷雾，每隔7 d喷1次，每季最多使用4次；或20%灭扫利乳油2000～3000倍液喷雾，每隔7 d喷1次，每季最多使用3次。

（4）白蚁：为害天麻的白蚁种类以黑翅土白蚁最为凶狠，其为害速度快、程度深、范围广。

防治方法：4~7月，利用其趋光性每天早、晚在有白蚁的地方设置诱蛾灯，诱杀有翅白蚁成虫。

（5）蝼蛄：以成虫和若虫在天麻穴表土层下开掘隧道，咬食天麻块茎，使天麻与蜜环菌断裂，破坏了天麻与蜜环菌之间的养分供应关系。

防治方法：将5 kg谷秕子煮半熟，或将5 kg麦麸、棉籽饼等炒香，后拌药（用90%敌百虫150 g兑水成3倍液）制成毒饵，选择无风闷热的晚上，将毒饵撒在蝼蛄活动的隧道处；利用蝼蛄趋光性强的特性，设置黑光灯诱杀成虫。

四、采收加工

冬栽的天麻在第2年冬或第2年春即可采收，春栽的天麻在当年冬或第2年春即可采收。冬采的天麻质量最优。采收时，先轻去表土，再分层挖出天麻、取出菌材。按天麻大小，选出天麻（商品麻）销售，白麻、米麻留种翻栽。取出的菌材，剔除杂菌感染和腐烂不能再用的，选择完好的可以再利用。

鲜天麻采收后，堆放3~5 d就开始腐烂。因此要及时加工，加工前应首先挑选分等级：鲜重在80~100 g以上的天麻为一等；40~79 g为二等；40 g以下和碰伤挖断的为三等。分等洗净，当天加工，否则会影响加工与加工后的商品质量和药用价值。

洗净后的天麻分等放在沸水中煮，每50 kg水放白矾100 g，要轻轻地翻动几次，使受热均匀。天麻大小不同，煮沸时间不同，一等天麻在下锅后重新煮沸5~8 min，以下均次减少。检验是否煮好的方法是：将天麻捞起后体表水分能很快散失；对着阳光或灯光看，麻体内没有黑心，呈透明状；用细竹插能顺利进入麻体。达到上述程度应及时出锅，放入清水里浸后即捞出，防止过熟和互相黏缩，扯伤表皮。随即进入熏房，用硫黄熏10~12 h，使天麻外表鲜亮白净，并可以预防生虫霉变。

熏后及时进行干燥，晒干或烘干均可。烘干时应慢火干燥，初温掌握在50 ℃左右，水汽敞干之后，可升温至60 ℃~85 ℃慢慢干燥，防止因表皮水分散失过快而形成硬壳，中间髓心。当烘至七、八成干时，取出用手压扁整形，堆起来外用麻袋等物盖严，使之发汗1~2 d，然后再进烘房烘至全干。相互敲击发出清脆声，表面无焦斑鼓泡现象，断面白色坚实者为佳。

第十三节　茯苓栽培技术

　　茯苓又称云苓、松苓、茯灵、茯蓉、茯菟、松木薯等，为寄生在松树根上的低等菌类植物，形似甘薯，外皮黑褐色，里为白色或粉红色。药用部分为干燥菌核体。性平，味甘、淡，无毒。具有渗湿、健脾、宁心安神等功效。主要用于治疗水肿、小便不利、心悸、眩晕等症。野生茯苓在我国大部分省区均有分布。南方各省均有人工栽培，湖北、安徽、浙江、湖南、四川、云南等省为主产地。

　　茯苓的生长发育可分为两个阶段：即菌丝（白色丝状物）阶段和菌核阶段。菌丝生长阶段，主要是菌丝从木材表面吸收水分和营养，同时分泌酶来分解和转化木材中的有机质纤维素，使菌丝蔓延在木材中旺盛生长。第二阶段是菌丝至中后期聚结成团，逐渐形成菌核。茯苓子实体常生于菌核表面，蜂窝状，大小不一，平卧，厚 0.3 ~ 2 cm，初时白色，老后或干后变为淡黄白色。结苓大小与菌种的优劣、营养条件和温度、湿度等环境因子有密切关系。不同品种的菌种，结苓的时间长短也不同，有的品种栽后 3 ~ 4 个月开始结苓，有些则较慢，需 6 ~ 7 个月。早熟种栽后 9 ~ 10 个月即可收获，晚熟种则需 12 ~ 14 个月。现将茯苓的栽培技术归纳如下。

一、备　料

　　茯苓生长的营养主要靠菌丝在松树的根和树干中蔓延生长，并分解和吸收其中养分和水分，故选用松树作为茯苓的生活原料。为了充分发挥松树的利用效率，目前生产上主要采用椴木栽培和树蔸栽培两种方法。

1. 椴市备料

每年 10～12 月松树砍伐后，立即修去树枝及削皮留筋，具体要留几条筋，要看树的大小而定，削皮要露出木质部，顺木将树皮相间纵削（不削不铲的一条称为筋），各宽 4～6 cm，削皮留筋后全株放在山上干燥。经 15 d 后，将木料锯成长约 80 cm 的小段，然后就地在向阳处叠成"井"字形，待敲之发出清脆响声，两端无松脂分泌时即可供用。

2. 树苑备料

利用伐木后留下的树苑作材料。在秋、冬季节伐松树时，选择直径 12 cm以上的树桩，将周围地面杂草和灌木砍掉，深挖 40～50 cm，让树桩和根部暴露在土外，然后在树桩上部分别铲皮 4～6 向，留下 4～6 条约 3～6 cm 宽未铲皮的筋（也叫引线）。树桩下的粗大树根也可用来栽茯苓，每条树根铲皮 3 向，留 3 条引线。根留 1～1.5 cm 长，过长即截断不要，使树苑得到充分暴晒至干透。干后可用草将树苑盖好，防止降雨淋湿。

二、苓场的选择及整理

场地要求背西北朝南或背西北朝东南，通风向阳。土质要求疏松透气，以含水量达七成的黏壤为宜。地势以 20～30 度的缓坡利于排水。春节前后进行挖场翻耕，一般要求不得浅于 50 cm，除去杂草、石块、树根等杂物，然后暴晒，四周挖人字形排水沟。接种前 7 d 将细砂拌 3% 呋喃丹铺撒窖底及上面覆土层，以防止白蚁为害。

在挖好的苓场内顺坡挖窖，窖长 80 cm，宽 30～45 cm，深 30 cm，窖底与坡面平行。窖间距离为 10～15 cm。窖挖好后，应立即进行接菌栽种，挖窖与栽种应同时进行，要边挖窖边接菌。

三、接　菌

春末夏初接菌为春栽（冬季备料后翌年 4 月下旬至 5 月中旬进行），秋季接菌为秋栽（夏季备料于 8 月末至 9 月初进行）。下窖时将两条或三条椴木并排靠拢放入窖沟内，然后在削去树皮部位撒播，填满菌种，在菌种上再盖上一些树叶、木片、木屑等填充物，以保护菌种。最后覆盖约 10～15 cm 厚，呈龟背形的疏松砂壤土（图 2.25）。

图 2.25 茯苓接菌

四、苓场管理

开好排水沟，雨后及时修沟排水。因雨水冲刷、砂土流失，如筒木外露，要及时培土。要彻底铲除苓场内及窖面周围的杂草、树根。头年 9~10 月和次年 3~5 月，因茯苓生长快，苓场常会出现龟裂，要少量多次培土，防止茯苓露出地面，避免日晒炸裂或遭雨淋腐败。做好苓场防护工作，防止人畜践踏。

五、采收及加工

1. 采 收

春栽茯苓要在 10 月下旬至 12 月初进行采收，而夏栽茯苓要在翌年 4 月末至 5 月中下旬采收。

采收时先将窖面砂土挖开，掀起椴木，轻轻取出菌核。当菌核长在椴木上时，可将椴木放在窖边用工具轻轻敲打椴木，使菌核完整振落下来（图 2.26）。采收后的菌核要及时运至加工厂或阴凉处，以备加工。

图 2.26 茯苓采收

2. 加 工

将采收的茯苓堆放在室内避风处，用稻草或麻袋盖严使之发汗，渐出水分，再摊开晾干后反复堆盖，至表皮皱缩呈褐色时用刀剥下外表黑皮（即茯苓皮）后，选晴天依次切成块片（长、宽、厚分别为 4 cm、4 cm、0.5 cm），将切出的白块，赤块分别摊放在竹席或竹筛上晒干。

也可直接剥净鲜茯苓外皮后置蒸笼隔水蒸干透心，取出用利刀按上述规格切成方块，置阳光下晒至足干，一般折干率为 50% 左右。以足干，去净外皮，呈正方形块，厚薄均匀，白色者为佳。

第十四节　黄连栽培技术

黄连又名鸡爪黄连、川黄连，为毛茛科黄连属多年生常绿草本植物，株高 20 ~ 30 cm。黄连主要以根茎入药，具泻火解毒、清热燥湿等功效。主产四川省，湖北、湖南、陕西、甘肃等省也有栽培。

黄连喜高寒冷凉的环境，喜阴湿、忌强光直射和高温干燥。栽培时宜选海拔 1 400 ~ 1 700 m 的地区。植株正常生长的温度范围为 8 ~ 34 ℃，超过 38 ℃ 易受高温伤害，低于 5 ℃ 植株处于休眠状态。

一、选地整地

黄连对土壤要求较严，以土层深厚、肥沃、疏松、排水良好、富含腐殖质的壤土和砂壤土为好，土壤 pH 值 5.5 ~ 7 为宜，忌连作。早晚有斜射光照的半阴半阳的缓坡地最为适宜，但坡度不宜超过 30 度。

整地前进行熏土，具体方法是：选晴天将土表 7～10 cm 的腐殖土翻起，拣净树根、石块，待腐殖土晒干后，收集枯枝落叶和杂草进行熏土。此法有利于提高土壤肥力，减少病虫害和杂草。熏土后，耕翻深 15 cm，拣净树根等杂物，每亩施入农家肥 4 000 kg 左右作基肥，耙匀整平，作成宽 1.5 m、高 30 cm 的畦，畦沟宽 50 cm，畦面略成弓形。

二、繁殖方法

多采用种子繁殖，育苗移栽。

1. 育　苗

于 10～11 月用经贮藏的种子播种，因种子细小，可将种子与 20 倍的细土拌匀后撒播于畦面，播后不盖土，盖约 0.5～1 cm 厚的干细腐熟牛马粪。冬季干旱时，还需盖一层草保湿。翌春及时将覆盖物去除，以利出苗。每亩用种量 2～3 kg。

2. 移　栽

幼苗在播后第 3 年进行移栽。以 6 月移栽最好，但低海拔地区宜在 2～3 月或 9～10 月移栽为宜。移栽宜在阴天或雨后晴天进行，取生长健壮、具 4 片以上真叶的幼苗，连根挖起，剪去部分须根，留 2～3 cm 长，按株行距各 10 cm，正方形栽植；深度视移栽季节和苗的大小而定，春栽或苗小可栽浅些，秋栽或苗大可稍深些，一般为 3～5 cm，地面留 3～4 片大叶即可。通常上午挖苗，下午栽种，如起挖的苗当天未栽完，应摊放在阴湿处，第 2 天栽前仍应浸湿再栽（图 2.27）。

图 2.27　黄连移栽

三、田间管理

1. 苗期管理

播种后出苗前应及时除去覆盖物。当苗具 1~2 片真叶时，按株距 1 cm 左右间苗。6~7 月可在畦面撒一层约 1 cm 厚的细腐殖土，以稳苗根。荫棚应在出苗前搭好，一畦一棚，棚高 50~70 cm，荫蔽度控制在 80% 左右。

2. 补　苗

黄连苗移栽后，常有死苗，死苗率达 10%~12%，应及时补苗。一般 6 月栽的秋季补苗，秋植者于翌春新叶萌发前补苗。采用同龄苗补栽，以确保植株生长一致。

3. 中耕除草

育苗地杂草较多，每年至少除草 3~5 次，移栽后每年 2~3 次。如土壤板结，宜浅松表土。

4. 追肥培土

育苗地在间苗后，每亩施稀粪水 1 400 kg，8~9 月再撒施干牛粪 140 kg，翌春再施入以上肥种，但量可适当增加。移栽后 2~3 月，施 1 次稀粪水，9~10 月和以后每年 3~4 月和 9~10 月，各施肥 1 次。春肥以速效肥为主，秋肥以农家肥为主，每次每亩施 2 000 kg 左右，施肥量可逐年增加。施肥后应及时用细腐殖土培土。

5. 调节荫蔽度

调节适宜的光照条件，以利黄连正常生长发育。一般移栽当年荫蔽度为 70%~80% 为宜，以后每年减少 10% 左右，至收获的那年，可于 6 月拆去全部棚盖物，以增加光照，抑制地上部生长，增加根茎产量。

6. 摘花蕾

摘花蕾主要是为了提高产量。黄连在抽出花蕾后，除计划留种的以外，每年应将花蕾摘除，以促进须根、叶片和根茎的生长，提高根茎产量约 30% 左右。

四、病虫害防治

1. 病 害

（1）白粉病：5 月下旬始发，7~8 月为害严重，主要为害叶部。

防治方法：适当增加光照，并注意排水；发病初期，将病叶集中烧毁；用庆丰霉素 80 单位或 70% 甲基托布津 500 倍液在发生初期喷施 1 次，在盛期需每隔 7~10 d 喷 1 次，连喷 3 次，效果较好。

（2）炭疽病：5 月初始发，为害叶片，严重时致使全株枯死。

防治方法：冬季注意清洁田园；用 1:1:100~150 倍的波尔多液，或用 65% 代森锰锌 800~1 000 倍液喷雾，在发生初期至盛期连喷 3 次，时间间隔为 7~10 d。

（3）白绢病：6 月始发，7~8 月为害严重，为害全株。

防治方法：拔除烧毁病株，并用石灰粉处理病穴；或用多菌灵 800 倍液淋灌。

2. 虫 害

（1）蛞蝓：3~11 月发生，咬食嫩叶，雨天为害严重。

防治方法：在发生期用鲜菜叶拌药诱杀；或用鲜苦葛根切碎捣烂后用温水（比例 1:5）浸泡一昼夜，过滤后，取滤液稀释 10 倍喷杀；清晨撒石灰粉。

（2）地老虎：6~8 月发生，主要为害黄连幼苗。

防治方法：用 25% 二二三乳剂 300~400 倍液或 90% 敌百虫液进行喷雾防治。

五、采收加工及留种

1. 采 收

黄连一般在移栽后第 5 年或第 6 年开始收获，宜在 10 月上旬采挖。采收时，选晴天，挖起全株，抖去泥土，剪下须根和叶片，即得鲜根茎，俗称"毛团"。

2. 加 工

鲜根茎不用水洗，应直接干燥，干燥方法多采用炕干（有条件的可将其放在烘箱中保持 60 ℃烘干，筛去泥土即得商品黄连），注意火力不能过大，要勤翻动，干到易折断时，趁热放到槽笼里撞去泥砂、须根及残余叶柄，即得干燥根茎。以条粗壮、连珠形、质坚重、断面红黄色、有菊花心者为佳。须根、叶片经干燥去泥砂杂质后，也可入药。残留叶柄及细渣筛净后可作兽药。

3. 留　种

黄连移栽后 2 年就可开花结实，但以栽后 3～4 年生的植株所结种子质量为好，数量也多。一般于 5 月中旬，当蓇葖果由绿变黄绿色，种子变为黄绿色时，应及时采收。采种宜选晴天或阴天无雨露时进行，将果穗从茎部摘下，盛入细密容器内，置室内或阴凉地方，经 2～3 d 后熟后，搓出种子。再用 2 倍于种子的腐殖细土或细砂与种子拌匀后层积保藏。

第十五节　川白芷栽培技术

白芷别名祁白芷、川白芷、杭白芷等，为伞形科当归属多年生草本植物，株高 100～250 cm。白芷为常用中药，以根入药，有祛病除湿、排脓生肌、活血止痛等功能。主治风寒感冒、头痛、鼻炎、牙痛等症，也可作香料。白芷品种较多，有主产于河南、河北等省的兴安白芷（祁白芷）；主产于四川的库页白芷（川白芷）；主产于浙江、福建等省的香白芷（杭白芷）等。白芷适应性强，全国各地均可栽培。

白芷喜温和湿润气候、阳光充足的环境，在荫蔽的环境下生长不良。适宜生长温度为 15～28 ℃，在 24～28 ℃条件下生长最快，不耐 30 ℃以上高温。土壤过砂、过黏或浅薄，主根易分叉，产量低。可连作。

一、选地整地

白芷主根深长，对土壤要求耕作层深、土质疏松肥沃、排水良好的温暖向阳较湿润的砂质壤土。前茬作物收获后，深翻土壤 30 cm 左右，精耕细耙，同时结合整地，每亩追施农家肥 2 000~2 500 kg 作基肥，然后，整平耙细，作成 1.3 m 宽、16~20 cm 高的高畦，四周开好较深的排水沟，畦沟宽 26~33 cm，将畦面拢成龟背形，以利排水。地干时先浇水，待水渗下，表土稍疏松时播种。

二、繁殖方法

白芷宜采用直播，若育苗移栽，则主根分叉多，且生长不良。白芷用当年所收的种子繁殖，隔年的种子发芽率低。一般采用秋播，日平均气温稳定通过 15 ℃ 的日期为适宜播种期，于处暑至白露之间即 8 月上旬至 9 月初播种。宜直播，穴播和条播均可。播前畦内浇透水，待水渗下后，开始播种。

1. 播前种子处理

选择成熟种子，先搓去种皮周围的翅，然后放到清水里浸泡 6~8 h，捞出稍晾即可播种，每亩用种量 1.5~2 kg。

2. 播　种

（1）条播：行距 30 cm 左右，沟宽 10 cm，深 7~9 cm，将种子拌火土灰或细砂土均匀地播入沟内，每亩用种量 1 kg 左右。播种后随即浇 1 次稀薄人畜粪水，再盖上火土灰，以不见种子为度。然后，在畦面上盖草保湿和防止杂草丛生，如遇干旱天气需浇水 1 次保持土壤湿润，经 15~20 d 即可发芽出苗。

（2）穴播：按行距 30~35 cm，株距 20~25 cm 开穴，穴深 8~10 cm，播后用水浇。播后洒水或覆稻草的方法经常保持土壤湿润。

三、田间管理

1. 间苗定苗

白芷出苗后，苗高达 5 cm 左右时，应开始间苗。第 1 次间苗：穴播的每穴留小苗 5~6 株；如条播的每隔 3~5 cm 留小苗 1 株。当苗高达 10 cm 左右时，需进行第 2 次间苗：穴播的每穴留小苗 3~4 株，条播的每隔 7~9 cm 留小苗 1 株。第 3 次在翌年早春 2 月下旬进行最后一次间苗即定苗，穴播的每穴定苗 3 株；条播的每隔 10~15 cm 定苗 1 株。应按"拔大留小"的原则定苗，避免白芷生长过旺早开花，严重影响其产量。

2. 中耕除草

出苗后第 1 次只浅松表土，每次间苗时，均应中耕除草，保持地内无杂草，促使根系下扎；植株封垄后不再进行中耕除草（图 2.28）。

图 2.28 川白芷中耕除草

3. 浇 水

雨水充足的地方可不用浇水，但在干旱、半干旱地区，播后若遇干旱、墒情不好，需浇水，约浇水 4 次即可发芽，以后经常保持土壤湿润，小雪前应浇饱水，防止白芷在冬天干死。第 2 年春天浇水在清明前后，以后每隔 10 d 浇 1 次水，到了夏天应每隔 5 d 浇水 1 次，在伏天更应保持水分充足。但雨水过多应及时进行排涝。

4. 追 肥

科学施肥是提高白芷产量和质量的关键，施肥过多，生长过旺，易造成抽薹开花，降低产量；施肥不足，生长不良。全生育期追肥 4 次，第 1、2 次结合间苗进行，每次施稀薄人畜粪水 1 500 kg，第 3 次于定苗后，每亩施人畜粪水 2 500 kg，加过磷酸钙 30 kg，第 4 次于根茎膨大期进行，每亩施人畜粪水 3 000 kg，再加灶灰 150 kg，撒施于畦面，施后覆土。

5. 拔除抽薹苗

白芷播后翌年 5～6 月，有少数植株由于生长过旺，要抽薹开花，应及时拔除。因白芷一经开花即空心或烂根，不能供药用，就是所结的种子也不发芽，不能做种用。

四、病虫害防治

1. 病　害

（1）斑枯病：由真菌引起的病害，发生时叶片出现暗绿色斑点，后形成大斑，叶片最终枯死。

防治方法：发现病株应及时拔除，集中烧毁或深埋；发病初期用 1∶1∶100 的波尔多液或 65% 代森锌 400～500 倍液喷洒叶面 1～2 次。

（2）紫纹羽病：发生时有白色物质缠绕在主根上，后期变成紫红色，最后根部腐烂。田间湿度大的雨季易发病。

防治方法：整地时用 70% 敌克松可湿性粉剂 1 000 倍液进行土壤消毒；发病初期用 25% 多菌灵可湿性粉剂 1 000 倍液进行喷雾防治；雨季应及时疏沟排水，降低田间湿度。

2. 虫　害

（1）蚜虫：以成虫、若虫为害白芷嫩叶及顶部。

防治方法：冬季清园，将枯枝落叶深埋或烧毁；发生期可用 50% 杀螟松 1 000～2 000 倍液，或 40% 乐果乳油 1 500～2 000 倍液，或 90% 晶体敌百虫 1 000 倍液进行喷雾防治，每隔 7 d 喷 1 次，连喷 3 次。

（2）红蜘蛛：以成虫、若虫为害川白芷叶部。

防治方法：冬季清园，拾净枯枝落叶并烧毁，清园后喷 1 波美度石硫合剂；4 月开始喷 0.2～0.3 波美度石硫合剂或 25% 杀虫脒水剂 500～1 000 倍液喷雾，每隔 7 d 喷 1 次，连喷 3 次。

（3）黄凤蝶：以幼虫咬食川白芷叶片。

防治方法：人工捕杀幼虫和蛹；可用 90% 敌百虫 800 倍液，或用青虫菌 500 倍液进行喷雾防治，每隔 5～7 d 喷 1 次，连喷 3 次。

五、采收加工及留种

1. 采　收

春播于当年，秋播于次年7月中旬至8月上旬，当茎叶开始枯黄时采收（图2.29）。过迟根部重新发芽，消耗养分，影响产量和质量。采收要选择连续晴天进行。先将地上茎割除，挖出根，去净枝叶、泥土和须根，按大、中、小分级，分别堆放暴晒，晒干即可。忌夜露雨淋，晚上一定要收回摊放，否则易霉烂。

图 2.29　川白芷采收

2. 加　工

白芷含淀粉较多，不易晒干，如遇阴雨天，不能及时干燥，为防止霉烂，可采用硫黄熏蒸。晒中遇雨淋应立即熏蒸；大个白芷要蒸透后再晒。以体坚硬、具粉性、有香气、无黑心、无虫霉、外皮灰白色、断面白色干燥者为佳。每亩可收干白芷 250～350 kg，高产田可达 500 kg。

3. 留　种

（1）原地留种：即在收获商品时，留部分植株不挖，待翌年即可抽薹开始结籽，待种子成熟时采收作种。

（2）选苗留种：即在收获药材时，选主根无分叉而如大拇指粗细无病虫害植株作种苗，另行种植。种苗选定后，放到地窖里用砂藏起来，待翌年早春再栽到地里，并及时进行中耕除草、施肥，才能使种子饱满。不挖起重栽的留种植株，在11月中旬及第二年3月初，分别追施人粪尿、饼肥或化肥；6月上旬抽薹开花，8月种子陆续成熟，及时分批采收。

第三章

药食两用特种经济作物

第一节　生姜栽培技术

生姜为姜科姜属多年生宿根草本植物，在我国多作为一年生作物栽培。其块茎含有辛香浓郁的挥发油和姜辣素，具有健胃、祛寒和解毒等功能，是人们日常生活中所需的重要调味品之一，为我国名特蔬菜品种。原产中国及东南亚等热带地区，现广泛栽培于世界各热带、亚热带地区，以亚洲和非洲为主，欧美栽培较少。牙买加、尼日利亚、塞拉利昂、中国、印度和日本是主要生产国。中国自古栽培，现除东北、西北寒冷地区外，中部、南部各省均有栽培，广东、浙江、四川、山东均为主产区。其中，四川省的郫县、乐山、犍为、沐川、内江、威远、遂宁、三台、西昌等地均有大面积种植，四川省常年种植面积达 2 万公顷，在农民增收和人民生活中具有重要的作用和地位。

一、繁　殖

生姜不用种子繁殖，而用姜块进行无性繁殖。生姜种植以后，从幼芽的茎部发生数条不定根，其上发生若干条小侧根，进入旺盛生长期后还可从姜母和子姜上发生若干条肉质根，这些肉质根也具有一定吸收能力。

1. 姜种的选择

选用高产、优质、抗病虫、抗逆性强、商品性好，且具有本品种特性，地上茎粗壮、分枝多、肥大饱满、皮色淡黄明亮、肉质新鲜、不干裂、不腐烂、未受冻、质地硬、大小适宜的健康姜块留作种用。严格淘汰姜块疲弱、干瘪、肉质变褐的姜种，严禁从病姜区引种。

2. 姜种消毒

为防止病菌为害及蔓延，选好的种姜在催芽前必须进行消毒处理。可用 1∶1∶150 的石灰、硫酸铜、水配成的波尔多液浸种 10 min；也可用 75% 敌克松 800 倍液或用 64% 杀毒矾 400 倍液浸种 30 min；也可用 40% 甲醛 100 倍液浸 3 h，焖 12 h，浸焖过的姜块用清水洗净，捞出晾干后再进行催芽。

3. 催　芽

将晾干后的姜种上炕催芽，催芽适温前期 20～22 ℃，中期 25～28 ℃，后期 22～25 ℃，这样有利于培育壮芽。20～25 d 后，待姜芽生长至 0.8～1.5 cm 粗、1.1～1.8 cm 长时播种。

采用室外池室催芽，在院落中选择避风向阳处，垒一高 80 cm 的池子，长宽可据姜种量而定，底部铺 10 cm 的麦穰（铡碎的麦秆），周围 5～6 cm 的麦穰，姜种摆放其中，高度为 50～60 cm，上面覆盖 5～6 cm 的麦穰，表面盖一透明塑料薄膜，掌握催芽温度，20～25 d 后可催出壮芽。

4. 掰姜种

当芽长 1～1.5 cm 时，即可掰块播种，每个姜球留 1 个壮芽，其余抹掉，对姜芽过小的，再进行催芽（图 3.1）。

图 3.1　作姜种的姜球

二、播　种

生姜的生长期长，必须施足基肥，为节省肥料，可集中施肥，即按预定的行距开沟，在沟中施基肥。基肥以饼肥为好，每亩施豆饼 75～100 kg。如无饼肥，也可用其他优质肥料代替。如每亩施厩肥 5 000～7 500 kg，加草木灰 75～100 kg，再加过磷酸钙 25 kg，使粪土混匀，再盖上原来掘出的土，将沟面平整后浇水，待水分下渗后再排种，排好种姜后应随即覆土 4～5 cm（图 3.2）。

种姜姜块的大小对植株的生长和产量有明显的影响，在一定范围内，种姜的姜块越大，姜苗生长越旺，产量也越高。种姜块的大小以 70～100 g 为宜，每亩用姜种 400～500 kg。生姜的种植密度，根据土壤肥力状况，可分为以下三类：（1）肥力高的丰产地，可采用行距 53 cm，株距 18～20 cm，每亩可种 6 250～6 500 株；（2）肥力中等的姜地，可采用行距 50 cm，株距 18～20 cm，每亩可种 6 700～7 000 株；（3）肥力低的姜地，可采用行距 53 cm，株距 16 cm，每亩可种 7 500 株。

图 3.2　生姜播种

三、田间管理

1. 中耕培土

在姜苗出苗不久，结合浇水，浅中耕 1～2 次，松土保墒，清除杂草。生姜为浅根性作物，不宜多次中耕。幼苗期应逐步开始培土，当生姜到了分蘖期，进入孙姜期，其孙姜露出地表，须培土覆盖，培土可显著提高生姜产量，培土高 10～15 cm，姜块不能外露，培土时注意不要动根、伤苗、断枝。

2. 肥水管理

根据土壤墒情及时调节浇水次数，齐苗前浇水 1 次，出苗后雨季来临前要做好排水准备。立夏以后，特别是立秋至秋分，是生姜生长最快的季节，每天灌溉 1 次，灌溉时间应掌握在天凉、地凉、水凉时进行，在水量上以浇深浇透不积水为原则。

生姜的需肥量大，一般追施 3 次。（1）提苗肥：苗高 30 cm 左右并具 3~4 个小分枝时追肥，每亩施尿素 15~20 kg，或复合肥 75 kg；（2）壮苗肥：立秋前后结合中耕除草进行追肥，这次肥对促进根茎膨大获得高产起重要作用。将农家肥与速效肥结合施用，每亩施 1 500 kg 沼液，复合肥 75 kg，在距植株基部约 15 cm 处开一施肥沟，使土、肥混合施入后覆土；（3）补肥防早衰：9 月上旬，在姜苗具 7~8 个分枝时看苗补肥。对土壤肥力较差和植株长势一般的姜田，当出现姜苗黄白，久不转青时，每亩施复合肥 40~50 kg，沼液 1 000 kg，对土壤肥力较好、植株生长旺盛的姜田，酌情少施或不施，以免茎叶徒长，影响根茎膨大。

3. 遮　荫

生姜为耐荫作物，高温强光可灼伤姜苗，适当遮荫有利于生姜生长，提高产量。遮荫方式有以下 3 种：

（1）间套作遮荫：植株高大的作物可以为生姜适当遮阳，将植株高大的作物如百合、玉米等与生姜进行间套作，以达到遮荫的目的。

（2）搭棚（遮阳网）遮荫：此法多用于江淮流域。一般在 6 月中旬以后，应及时搭平顶棚遮阳。棚高 1~1.5 m，顶上夹放麦秆、油菜秸或遮阳网遮阳。棚架不能过低，麦秆、油菜秸等遮阳物铺得不能过密（一般遮阳率为 70%），否则植株容易徒长，地下茎瘦弱不能丰产。一般立秋前后天气转凉，应及时拆棚。

（3）插姜草遮荫：山东、苏北、淮北等地区多用此法进行遮荫。按东西行向种植生姜，在行的南侧距姜行 15 cm 左右开小沟，插短芦苇、树枝或麦秆等，交互编织成花篱状，高 40~50 cm。插姜草和拔姜草的时间与搭棚、拆棚时间相同。

四、病虫害防治

1. 病　害

（1）姜瘟病（也叫姜腐烂病、软腐病或青枯病）：多发生在雨季，该病是

生姜生产上最为常见且为害最大的一种毁灭性细菌病害，一般可造成 20% ~
30% 的损失，严重的可毁种，贮藏期继续为害致腐烂，对生姜的生产构成严重
威胁。该病主要为害生姜地下部根茎，生姜根、茎、叶也能受害发病。病斑初
为湿润状，污褐色无光泽，内部组织逐渐变软腐烂，仅留外皮，手压病部可挤
出污白色带恶臭的汁液；根部被害也造成黄褐色腐烂；根茎受害后地上部的茎
呈暗紫色，组织逐渐变褐腐烂，叶片凋萎卷曲，甚至造成全株萎蔫枯死，茎秆
基部折断倒伏。

　　防治方法：发病时及时拔除病株，在病穴内撒生石灰消毒、喷洒 80% 代森
锌 600 倍液或 50% 代森铵 1 000 倍液；每年雨季到来之前或开始发现病株时，
立即用药预防，可用 72% 农用链霉素可湿性粉剂 3 000 ~ 4 000 倍液，或 50%
琥胶肥酸铜可湿性粉剂 400 倍液灌窝，控制姜瘟病的发生和蔓延，每隔 10 d 灌
1 次，连灌 3 ~ 4 次。

　　（2）炭疽病：为害生姜叶片、叶鞘和茎。染病叶片多从叶尖或叶缘开始出
现近圆形或不规则形湿润状褪绿病斑，可互相连结成不规则大斑，严重时可使
叶片干枯，潮湿时病斑上长出黑色略粗糙的小粒点；为害的茎或叶鞘形成不定
形或短条形病斑，也长有黑色小粒点，严重时叶片下垂，但仍保持绿色。

　　防治方法：及时清除病残体，生长期要把病株、病叶及时带出田外，特别
是收获时要将田间的植株病残体及时清除干净，集中深埋或烧毁；加强田间管
理，要注意排水，通风透光，改善田间小气候，增加植株抗病力；与水稻、十
字花科、豆科作物等进行 3 ~ 4 年的轮作换茬；发病初期，用 64% 普杀得可湿
性粉剂 800 ~ 1 000 倍液，或 75% 百菌清可湿性粉剂 1 000 倍液，或 70% 甲基
托布津可湿性粉剂 1 000 倍液喷雾防治，每隔 7 ~ 10 d 喷 1 次，连喷 3 ~ 5 次，
以上药剂可交替使用。

　　（3）斑点病：主要为害生姜叶片，染病叶片出现黄白色椭圆形或不规则形
病斑，中间灰白色边缘褐色。潮湿时病斑上长出分散的黑色小粒点，干燥时病
部开裂或穿孔，若许多病斑相连，可使叶片部分或全叶干枯。

　　防治方法：同前面进行播前姜种消毒；加强田间管理，所用肥料应充分腐
熟，并且注意氮、磷、钾肥的配合使用，不可偏施氮肥；灌溉水应用清洁卫生
的山间泉水、河流水，不用有病田流过的田沟水，发现中心病株后，杜绝大水
漫灌，要喷灌、浅水沟灌或泼浇；发病初期，叶面喷雾 20% 叶枯宁 1 300 倍液，
或 30% 氧氯化铜 800 倍液，1∶1∶100 的波尔多液，70% 甲基硫菌灵可湿性粉
剂 1 000 倍液加 75% 百菌清可湿性粉剂 1 000 倍液。

2. 虫 害

（1）姜螟（又叫钻心虫、玉米螟）：是为害生姜的主要虫害之一。此虫先在叶片背面产卵，3 d 后孵化为幼虫，孵化出的幼虫 2～3 d 后便成群从叶鞘与茎秆缝隙或心叶处侵入，被害叶片成薄膜状，残留有粪屑，叶片展开后有不规则的食孔。幼虫在 4～6 d 后多在生姜茎秆中上部蛀食造成茎秆空心，使水分运输受阻，常常造成姜株上部枯死。

防治方法：生姜收获后，将生姜的残株、枯叶及虫害苗、杂草清除干净，集中烧毁；生姜遮荫要用遮阳网或遮荫膜，不能用玉米秸秆，以免增加虫源基数，加重为害；使用频振式杀虫灯进行物理杀虫，可大大减少农药的使用量，降低防治成本，并能有效地解决生姜生产农药残留超标的问题；药剂防治选用98% 巴丹可溶性粉剂 1 000～1 500 倍液喷雾，每隔 7～10 d 喷 1 次。

（2）甜菜夜蛾：属杂食性害虫，为害多种作物，是生姜中后期的主要害虫，该虫有昼伏夜出的习性，在生姜上取食时间多在晚 7 时至第二天凌晨 6 时。初龄幼虫群聚结网，在叶片背面取食叶肉，使叶片成薄膜状，3 龄以后分散为害，大龄幼虫食量大，可食尽姜叶仅留的叶脉。

防治方法：采用频振式杀虫灯进行物理杀虫；也可选用新型仿生杀虫剂20% 米螨胶悬浮剂 1 000～1 500 倍液，每隔 10 d 喷 1 次。

（3）小地老虎：是生姜出苗后最先出现的虫害种类，幼虫为害时间多在 5 月中旬至 6 月上中旬。1～2 龄幼虫常栖息在表土或姜苗的新叶里，昼夜活动并不入土。3 龄以后，白天潜入土下 1.5 cm 处，夜间活动为害，以夜间 9 时、12 时及次日清晨 5 时活动最为旺盛，常常是齐地咬断嫩茎。

防治方法：可在每天早晨扒开新被害植株周围或畦边田埂阳坡表土，捕捉高龄幼虫；可利用黑光灯、频振式杀虫灯、糖、醋、酒诱蛾液等物理方法来诱杀成虫，降低田间落卵量和幼虫基数；药剂防治采用 90% 敌百虫 500 ml 兑水2.5～5.0 kg，喷拌铡碎的鲜草 30～35 kg 或碾碎炒香的豆饼渣或麦麸 50 kg，于傍晚撒在行间苗根附近，隔一定距离撒一小堆，每亩需用鲜草毒饵 15～20 kg、豆饼毒饵 4～5 kg。

（4）贮藏期虫害：生姜贮藏期的主要害虫，除为害贮藏姜外，也为害田间种姜，但以在姜窖内为害最重。姜块以顶端幼嫩部分受害为主，受害处表皮完整，其内只剩粗纤维及粒状虫粪。生姜受害后常引起腐烂，对产量和品质影响很大。

防治方法：清理姜窖，生姜入窖前几天，要将原姜窖内的旧姜、碎屑、铺垫物等杂物全部清除干净，铺上 5 cm 厚的细砂，用气雾杀虫剂和百菌清、多菌灵等杀菌剂均匀喷 1 遍，并在窖口罩上防虫网；处理入窖新姜可用 3% 辛硫磷颗粒剂每 1 000 kg 生姜用药 1 kg，或灭虫灵每 1 000 kg 生姜用药 0.5 kg，掺细砂（土）撒施，边放姜边撒施，最后在上面均匀撒一层，在姜堆顶面再盖 5 ~ 10 cm 的湿砂，以保持姜块的水分；还可用药剂薰蒸法，将敌敌畏原液盛于数个开口小瓶中，放置于姜窖内，一般每窖一次放药液 250 ml 左右，以后不断添加新药液，也可用杀虫烟雾剂灭杀，每窖放 2 ~ 4 枚，点燃后放入姜窖薰蒸 12 h，均有良好防治效果。

五、采收留种

1. 采 收

生姜的采收与其他蔬菜不同，可分嫩姜采收、老姜采收及种姜采收 3 种方法（图 3.3）。

（1）采收嫩姜：可作为鲜菜提早供应市场，一般在 8 月初即开始采收。早采的姜块肉质鲜嫩，辣味轻，含水量多，不耐贮藏，宜作为腌泡菜，食味鲜美，极受市场欢迎。

（2）采收老姜：一般在 10 月中下旬至 11 月上中旬进行采收。待姜叶开始枯萎，茎秆青黄，地下部根茎已完全成熟，充分膨大老熟时采收。在霜冻前采收的姜块产量高，辣味重，且耐贮藏运输，作为调味或加工干姜片品质好。

（3）采收种姜，一般在夏至前后采收，即姜苗长出 5 ~ 6 片叶时，也可在新姜成熟时采收。采收时小心地将植株根际的土壤扒开，取出种姜后再覆土掩盖根部。若采收过迟则伤根大大影响植株的生长。

图 3.3　生姜采收

2. 留 种

留种生姜应选单株产量高、姜块大、无病虫害的老熟姜块做种。收获前半个月，约在 10 月下旬停止浇水，进行烤苗，并挖除病姜，初霜来临前收获。在不受冻害的情况下应力争晚收，以增加产量。选择晴天采收，姜秸用剪刀在离姜块 2~3 cm 处剪平，即在各姜秸中心顶芽上部剪平，注意不要损伤顶芽，以免影响第 2 年种姜的发芽。此外，还需剪去须根，剥去母姜，随收随入窖。如遇下雨不能及时贮藏，可在室内晾放，在地面铺 30 cm 厚，上覆湿润细砂 3~6 cm，以保温保湿，待天晴转暖时再贮藏。

六、贮藏加工

1. 贮 藏

生姜收获后用剪刀削去姜苗，留 1~2 cm 的茎秸，不需晾晒，直接入窖贮藏并将窖口密封，以免姜外皮干燥影响其品质。

（1）姜窖的选择：生姜应选择地势高燥、地下水位低、背风向阳、雨水不易进入窖内、便于看管的地方。姜窖一般由窖井和贮藏洞两部分组成，大小应根据地质状况与贮姜的多少而定。

（2）生姜入窖前的处理：生姜入窖前应彻底清扫贮姜洞，喷洒 25% 百菌清 600 倍液，50% 多菌灵 500 倍液进行杀菌处理；而后将带着潮湿泥土的姜块放入洞中，用细砂土掩埋，高度以距洞顶 40 cm 为宜。

（3）姜入窖后的管理：生姜入窖后暂时不封口，用竹席或草苫稍加遮盖洞口。20~25 d 后，可用砖等把姜窖洞口封住，封洞口的时间应适当掌握，它是生姜贮藏过程中的重要环节。若封口过早姜块容易腐烂；而封口过晚，冷空气侵入，姜块有受冻的危险。一般在 12 月上旬将窖口封闭，然后用土封严。生姜贮藏期间，应保持窖内温度 11~13 ℃，湿度 90%~95%。若温度超过 15 ℃ 姜块易发芽，而低于 10 ℃ 易受冻害；湿度低时生姜失水而表皮皱缩，过高可能导致窖内积水。

2. 加 工

生姜采收后经挑选、分级、清洗、刮皮、刨片、漂水、照晒、盐渍、拌糖、烘干等十多道工艺，可加工成桂花姜、糖姜、醋姜、酱姜、姜粉、干姜等（图3.4）。菜用生姜通常加工成腌渍生姜和酱制生姜两种。

（1）腌渍生姜：先将原料去茎、掰开、洗净、脱皮后，在腌制生姜的缸底铺一层细盐，约 0.5 kg，然后放一层生姜一层盐，一定要使每块生姜都沾上食盐，为促进盐分迅速渗入姜内，撒盐时可撒一些浓盐水（调制浓盐水的比例是每 100 kg 的水放盐 26～28 kg）。经 1～2 d 后缸内有卤水，姜块表皮出现皱缩时，再将姜块上下翻拌，再加入 15%～18% 的浓盐水，使未入卤水的姜块浸没于盐水之中，以免姜块暴露于空气中霉变。腌制生姜用盐比例是 100 kg 鲜姜，用盐 16～18 kg。如果贮存期在一年以上则用盐量应提高到 20～22 kg。正常腌熟的生姜应该是卤水淡黄，如发现部分姜块变成灰黑色时，应立即取出生姜并及时翻缸，另换新盐。

（2）酱制生姜：也叫咸生姜，将鲜姜洗净脱皮后，放在日光下晒 7～8 成干，然后放入甜面酱内，或放在味鲜色浓的酱油中，浸渍 7～10 d 后即成酱制生姜。

图 3.4　生姜清洗

第二节　牛蒡栽培技术

牛蒡为菊科牛蒡属二年生草本植物，原产亚洲，是药菜兼用植物，维生素 B_1 含量特别丰富，对人体有清喉润肺、清热解毒、提高人体免疫功能等作用。肉质根具有特异的香气，具有较高的食用价值。牛蒡凭借其独特的香气和纯正的口味，以及丰富的营养价值和独特的药用功效，风靡日本和韩国，走俏东南亚，可与人参媲美，有"东洋参"的美誉。目前，在我国已普遍种植，仅山东苍山县就有百万亩的牛蒡种植基地，是我国出口创汇主要农作物之一，具有广阔的发展前景。

一、整地施肥

栽培牛蒡应选择土层深厚、排水良好、土质疏松、富含有机质，pH 值 6～7 的微酸性或中性土壤，土质以砂壤土最佳，壤土、黏壤土也可。在前茬作物收获后，及时深翻耕。播种前施肥碎土，每亩配施腐熟的农家肥 5 000 kg、标准氮肥 40～50 kg、过磷酸钙 50 kg、硫酸钾 30 kg，混合集中施入沟内，然后整地。在播前按照种植条带，深翻 80 cm 以上。作畦采用高垄双行，以南北向为宜，垄高 30 cm，大行距 80 cm，小行距 40 cm。

二、播　种

1. 播前种子处理

播种的前一天精选种子，除去秕粒和畸形、小粒的种子，并置于太阳下晒 3～4 h，种子处理一般有 3 种方法：（1）热水烫种：为使牛蒡出苗快而整齐，播种前用 55～65 ℃热水烫种，种子与水的体积比为 1：5，烫种时用棒子轻轻搅动至水温降到 30 ℃时，加入凉水至室温下继续浸种 10～12 h；（2）药液浸种：用 0.6%～0.7% 的高锰酸钾溶液浸种 30 min，或用 1%～2% 的甲醛溶液浸种 40～50 min，能杀死种表病菌，然后用清水淘洗干净，再继续浸种 8 h 即可播种；（3）药粉拌种：用种子重量的 0.7%～0.8%的药粉拌种，可防治苗期病害，常用拌种的药粉有 25% 多菌灵、70% 甲基托布津、50% 代森锰锌和 40% 的瑞毒铝铜。拌种时采用大口瓶或塑料袋，将精选过的种子装入袋（瓶）内，再放入所需药粉，密闭袋（瓶）口，摇动种子，使药粉均匀地黏附种表即可播种。

2. 播种及覆盖地膜

牛蒡春秋两季均可播种，春播在 3～5 月，秋播在 9～11 月。播种前先在播种沟一侧每亩施入尿素 10 kg，用锄头将肥料浅锄于 10 cm 的土层内，作为种肥。然后在沟内浇足底水，待水完全渗透后，按 8～10 cm 的株距点播 1 粒饱满的种子，然后覆盖 1∶1 的细粪土 3～4 cm。为防止地下害虫损伤根系，造成缺苗或歧根等，可在覆盖细粪土后每亩撒施克百威或涕灭威杀虫剂 3 kg。施药后及时在畦面的两头或两侧各开一条平直的压膜浅沟，然后依次覆盖地膜。

三、田间管理

1. 破膜炼苗

覆膜后要下田查看，一查覆膜质量是否达到了保湿的要求（主要是看膜下是否密布小水珠），若发现薄膜破孔，应及时用细土封严压实，提高保温保湿效果，促进全苗壮苗。二查出苗与否（牛蒡播种至出苗需 6～8 d），苗齐后，用刀片对准幼苗正上方划十字破膜。

2. 追肥灌水

小苗一片真叶时追施第 1 次提苗肥，每亩施用人畜粪尿 13～15 担，从膜孔灌入，追肥后用细土封实膜孔，防止水分、养分从膜孔蒸发，提高肥料利用率。以后要控水，促进主根向土壤深层生长；牛蒡 4～5 片真叶时，应根据田间长势及时补追 1 次复合肥，一般每亩用量 30～40 kg，于灌水前破膜深施于两株之间，灌水后 3～4 d，清沟培土 1 次，方法是：将落入操作沟内的土挖取捣细，均匀地覆盖在膜面及培于畦面两侧，既可除去膜下杂草，又可护膜排水，阻隔太阳光直射而使膜下土温剧烈回升，防止肉质根变褐、发黑、糠心等。

3. 根外追肥

在牛蒡生长盛期可用磷酸二氢钾 300～320 倍液和硼砂 800 倍液（16 型喷

雾器用磷酸二氢钾 50 g 和硼砂 20 g）于下午 4 时后均匀地喷洒在叶片的正反面（根外追肥时要特别注意喷施功能叶），5～7 d 喷 1 次，连喷 3 次可促进植株营养物质向根部转移，对防止肉质根糠心、变褐有一定的作用。

四、病虫害防治

1. 病 害

病害主要有黑斑病、角斑病、白粉病、茎腐病、炭疽病、枯叶病和花斑病等。

（1）黑斑病的防治：发病初期，喷洒 75% 百菌清可湿性粉剂 500～600 倍液，或 77% 可杀得可湿性微粒粉剂 500 倍液，或 70% 代森锰锌可湿粉剂 600～800 倍液，每隔 7 d 喷 1 次，连喷 2～3 次。

（2）角斑病的防治：发病初期，可选 50% 琥胶肥酸铜杀菌剂或 72% 农用链霉素可湿性粉剂 3 000～4 000 倍液喷雾防治，每隔 7 d 喷 1 次，连喷 2～3 次。

（3）白粉病的防治：宜选用 15% 三唑酮可湿性粉剂 1 000～1 500 倍液，或 60% 防霉宝超微粉 600～700 倍液，或 30% 固体石硫合剂 150 倍液喷雾防治，每隔 10 d 喷 1 次，连喷 2～3 次。

（4）茎腐病的防治：可用 25% 代森铵水剂 600 倍液或 72% 硫酸链霉素 1 000 倍液于发病初期浇根，每隔 7 d 浇 1 次，连浇 2～3 次。

（5）炭疽病、枯萎病、花叶病的防治：可用 25% 甲霜灵 500～800 倍液或 25% 代森铵、代森锌 500～800 倍液喷雾，在发病初期每隔 7 d 喷 1 次，连喷 2～3 次

2. 虫 害

牛蒡常见虫害主要有蛴螬、地老虎、根结线虫、蚜虫等。

（1）蛴螬：蛴螬幼虫主要为害牛蒡幼苗和肉质根。幼苗受害可使幼苗致死，造成缺苗断垄；肉质直根受害呈缺刻孔洞，严重影响其食用价值。

防治方法：合理安排茬口：前茬为豆类、花生、甘薯和玉米的地块常受蛴螬的严重为害，不宜使用；人工捕捉：在 5～7 月成虫大发生的时期，可在傍晚 18：00～21：00 直接人工捕捉成虫；使用腐熟的厩肥。

（2）地老虎：地老虎一般在 5 月上旬发生为害，2 龄后幼虫食量剧增，白天躲在离土表 2～6 cm 处，夜间爬到地面为害，3 龄前的幼虫咬食牛蒡植株的心叶。

防治方法：捕杀幼虫：可在早晨扒开新被害植株周围的表层土捕捉幼虫，将其杀死；毒饵诱杀幼虫：每亩用 90% 的敌百虫晶体 50 g，或 50% 的辛硫磷 100 mL，兑适量水配成药液，拌入 3～4 kg 炒香的麦麸或粉碎的花生饼中，傍晚顺垄撒入田间，可有效地防治地老虎。

（3）根结线虫：主要为害牛蒡的肉质直根，影响其产量和品质。

防治方法：实行 2～3 茬作物的轮作；在整地前每亩用 1.8% 的北农爱福丁乳油 500 ml，拌细砂 25 kg 均匀撒施地表，然后翻耕 10～15 cm，防效可达 90% 以上；在牛蒡生长期间，用 1% 的海正灭虫灵乳油 5 000 倍液灌根，每株可灌 250 g，有效期可达 60 d，并对土壤无污染。

（4）蚜虫：蚜虫喜密集于牛蒡的嫩叶上吸取汁液，使叶片卷缩发黄，生长不良。

防治方法：由于蚜虫繁殖速度快，蔓延迅速，必须及时防治，一般采用化学药剂防治，可用 50% 抗蚜威可湿性粉剂 2 000～3 000 倍液或 10% 吡虫啉可湿性粉剂 5 000 倍液喷雾防治，对蚜虫有特效。

3. 杈根的发生及其防治

牛蒡的食用部分为其肥大的肉质直根，但生产上经常会发生直根分杈的现象，影响牛蒡的质量。

主要原因与防治措施如下：黏质土土块大，容易发生杈根，故栽培牛蒡时，宜选择土层深厚的砂质土或河床冲积土栽培；施用未腐熟的堆肥则会引起直根的先端受害而发生分杈，故施用堆肥必须经过腐熟，并在牛蒡发芽后施在苗株侧旁，以免与直根的先端接触，引起杈根；化肥用量过多，土壤溶液浓度过高，从而伤害了直根而引起分杈，牛蒡幼苗期、直根发育初期，如遇土壤过干，也会引起分杈，故此时一定要适当浇水，使土壤湿润疏松，减少杈根的发生。

五、采收加工

1. 采　收

根据肉质根的生长情况和加工企业的要求分批收获。春播牛蒡从 9 月开始收获，秋播牛蒡从第二年 4～5 月开始收获。过早收获，肉质根未长成，产量低；过迟收获，肉质根老化，易出现糠心，品质差。采收时用利刀在距地表 10 cm

处割去叶丛，用铁锹挖至直根 30 ~ 40 cm 处，然后拔出。采收时注意切勿断根、伤根。若土质过硬，可在收获前浇 1 次透水；若砂质土种植的，则不需用铁锹挖，垂直拔起即可。

2. 加 工

收获后去掉泥土、须根，在留叶柄 2 cm 处切齐，然后按收购标准分级。要求肉质根长直、完整、无病虫斑、无机械损伤、无霉变、不空心。1 级品长度达 70 cm 以上，粗 2 ~ 4 cm；2 级品长度 50 ~ 70 cm，粗 2 cm 以上；次品长度 30 ~ 50 cm，粗 1 ~ 3 cm。凡肉质根分杈、畸形或长度在 30 cm 以下者，均为不合格产品。认真清理、分级并装入保鲜袋内，最后用防压纸箱包装外售（图 3.5）。

图 3.5 牛蒡加工

第三节 川明参栽培技术

川明参又名山萝卜、明党、明参等，为伞形科川明参属多年生草本植物。川明参是中药材中药食两用的药材之一，川明参根供药用，可补气养阴、益胃生津、润肺止咳，具有良好的药用价值；由于营养丰富，在人民生活中常直接食用，其食用味道鲜美，具有质嫩、粉足、汤鲜等特点，具有极高的食用保健价值，很受消费者欢迎。由于川明参不仅药用价值高，而且食用价值也高，常年用量较大，因此种植川明参效益较高且稳定。四川省青白江、苍溪县、巴中市、金堂县等地都是川明参的主产地，现将其高产栽培技术总结如下，以供种植者参考。

一、选地整地

川明参主根入土较深，故应选择土层深厚疏松、肥沃的砂壤土。播种前应深翻 30 ~ 40 cm，并施入基肥，每亩可施入腐熟的厩肥 2 000 kg，过磷酸钙 50 kg 或饼肥 100 kg。然后将土整平耙细作畦，畦宽 1.3 m 左右、高 20 ~ 30 cm，四周挖好排水沟。

二、播 种

1. 种子处理

川明参种子采收后，按 3∶1（砂土和种子的体积比）的比例加入砂土，拌匀后平摊于阴凉地面，厚 5 ~ 10 cm，要经常翻动，以防止种子干燥、霉烂。最好在低温下（低于 20 ℃）贮藏。

2. 播 种

播种分为直播和育苗两种方法。以直播为好，其根条直，不易分杈，品质好，但生长期长。

（1）直播法：于 8 月下旬至 9 月上旬播种。在整好的畦面上，按行距 30 cm 开沟条播，沟深 3 ~ 5 cm，将种子拌上草木灰，撒入沟中，覆土厚度为 1 ~ 2 cm，以不见种子为度。然后轻轻镇压，上面再盖 3 cm 厚的稻草，一般 15 d 左右即可出苗。出苗后要逐渐去掉稻草。

（2）育苗法：也于 8 月下旬至 9 月上旬播种。在播种前，将畦面耙细整平，在畦面上泼洒腐熟的人粪尿水每亩 1 500 kg，使土面湿润，待粪水下渗稍干时，把种子与细砂拌匀，进行撒播，上面盖一层薄薄的草木灰和 0.3 cm 厚的过筛细土，以不见种子为度。最后畦面盖稻草，以保温保湿。一般 25 ~ 30 d 出苗。出苗后揭草，方法同直播法。

第 2 年秋季可移栽，宜在 8 月下旬至 9 月上旬（幼芽萌动前）移栽，挖取一年生幼苗按等级大小分别进行栽种，挖取时一定不要伤根和断根。在做好的畦面上，按行距 25 ~ 30 cm 开沟，沟的深度要根据种苗根的长度而定。先在沟内施入稀人粪尿水，待渗后稍干即可栽种，按株距 5 ~ 7 cm 栽入种苗，栽时根条垂直不要弯曲。栽后覆土杂肥，再盖细土超过根头 3 cm，并覆盖稻草或玉米秸秆等。每亩栽种 4 000 ~ 5 000 株。移栽时要注意，当天起苗，当天栽完，不能过夜，防止日晒失水。

三、田间管理

1. 间苗、定苗

直播田第 1 年要进行间苗、定苗。当苗高 3 cm 时，以株距 3 cm 进行间苗，当植株长至 5 cm 高时，按株距 6 cm 进行定苗，保证株数在每亩 4 ~ 5 万株。

2. 中耕除草

一般每年进行 2 ~ 3 次中耕除草，其中封行前的一次中耕除草要结合培土，以保证植株安全越冬。

3. 追 肥

结合中耕除草进行追肥，每亩可追施腐熟的人粪尿水 2 000 ~ 3 000 kg。移栽植株第 2 ~ 3 年生长速度最快，可适当增加 1 次追肥，并增施磷钾肥。

4. 遮 荫

在幼苗生长期，川明参怕干旱和高温，因此夏季要盖草以防干旱。此外，可在行间种植高秆作物遮荫保苗，既可起到遮荫降温作用，又可增加经济效益。

5. 摘除花芽

川明参于 3 ~ 4 月开始抽薹开花，除留种田外要及时摘除花芽，抑制其生殖生长，促进养分向根部集中。

四、病虫害防治

1. 病　害

（1）根腐病：在晚春和夏天多雨季节容易发生。发病初期须根开始变褐并逐渐腐烂，以后向主根蔓延，使全根部腐烂，地上部分枯萎死亡。

防治方法：拔除发病植株集中烧毁，在发病株的周围撒生石灰消毒，防止蔓延；发病初期每亩可用 50% 退菌特 0.5 kg、尿素 0.5 kg、石灰 12 kg 兑水 250 kg，淋灌植物根际周围土壤。

（2）菌核病：一般在 3 月中、下旬发生，4 月发病最严重。主要表现在茎秆基部，产生黄褐色病斑，如湿度较大，茎秆基部容易腐烂，植株倒伏。叶片受害后，初期呈椭圆形水渍状病斑，随后变为青褐色，严重时成片枯死。

防治方法：发病后要及时铲除病土，在病区撒上生石灰，控制蔓延；发病初期，可用 5% 的石灰水淋窝，也可撒施体积比为 1 : 3 的生石灰、草木灰，或喷施 65% 的代森锌可湿性粉剂 500 倍液防治。

2. 虫　害

（1）蚂蚁和蟋蟀：在播种后刚发芽出苗时，容易受蚂蚁和蟋蟀为害，造成出苗不齐。

防治方法：用 50 g 甲基托布津加 20 ml 敌敌畏，兑水 25 kg 喷雾。

（2）蚜虫：一般在秋末、冬、春季节容易发生。发生时蚜虫聚集在叶片背面和嫩茎上吸食汁液。

防治方法：可用杀敌光 30 ml 或 15 ml 吡虫啉兑水 15 kg 喷雾；也可用 40% 乐果 800～1 500 倍液喷杀。

（3）凤蝶：一般在春、夏季节发生。主要是幼虫咬食叶片，严重时可把叶片吃光。

防治方法：由于凤蝶幼虫行动缓慢，体态明显，可进行人工捕杀；发生严重时，可喷 90% 的晶体敌百虫 1 000 倍液防治。

五、采收加工

3 月底至 4 月（抽薹前）为最适收获期，如过早采挖，根水分大，粉性差，折干率低；过晚采挖，粉性太足，见风易产生裂缝，难以加工，并且过早过晚采收均会影响其药性。选择晴朗天气，割去地上部分，挖取根部，去掉须根，洗净泥土，用小刀或竹板刮去外面一层粗皮和黄白色的皮，按大小分级，然后用沸水煮 10 min，捞起以手折能弯曲自如、根内无白心为宜，再用清水漂洗数次，将漂好的川明参用竹片穿挂进行暴晒或者烘干，待水分降到 5%~8% 时保存（图 3.6）。注意：禁止用硫黄熏蒸。

图 3.6　川明参晾晒

第四节　紫背天葵栽培技术

　　紫背天葵别名血皮菜、观音菜、红风菜、紫背菜、红背菜等，属菊科三七草属多年生宿根草本植物。紫背天葵属药膳同用植物，根、叶均可入药，具有治疗咯血、血崩、痛经、支气管炎、盆腔炎及缺铁性贫血等病症的功效；其食用部分为嫩茎叶和嫩梢，富含铁、锰、钾元素，还富含药用成分黄酮甙，被誉为天然保健蔬菜，是集营养保健价值与特殊风味为一体的高档蔬菜。在我国南方一些地区更是把紫背天葵作为一种补血良药，是产后妇女食用的主要蔬菜之一。

　　紫背天葵生长健壮，抗逆性强，病虫害极少，栽培容易，可免施农药，适宜生长期长，供应期长，有较高的经济和社会效益。紫背天葵在无霜冻的地区可周年生长，在北方地区可在无霜期内栽培并采收。作为无公害和保健蔬菜，紫背天葵具有广阔的发展前景。

一、育　苗

紫背天葵通常只开花不结籽，一般采用分株或扦插进行无性繁殖。

1. 分株繁殖

一般在植株进入休眠期或恢复生长前进行，分株繁殖易成活，但繁殖系数低，方法是在丛生的植株基部把条分开带根移植。

2. 扦插繁殖

紫背天葵的茎节部易生不定根，大面积生产时采用扦插繁殖。春季 2～3 月或秋季 8～9 月从成熟健壮的母株上剪取 6～8 cm 的顶芽，若顶芽很长，可再剪成 1～2 段，每段带 3～5 节叶片，摘去枝条基部 1～2 片叶，斜插（枝条与地面成 60～70 度角）于苗床上，苗床可用土壤，或细砂加草木灰，也可扦插在水槽中。扦插株距为 6 cm～10 cm，枝条入土约 2/3，浇透水，盖上塑料薄膜保温保湿（保持 20 ℃），经常浇水，10～15 d 成活，长出新叶后，随即可带土移栽（图 3.7）。在无霜冻的地方，周年可以繁殖，但以春、秋季最适宜，秋季扦插繁殖时要盖遮阳网；在北方应在保护地内育苗。

图 3.7　紫背天葵扦插

二、定 植

应选择排水良好、富含有机质、保水保肥能力强、通气良好的微酸性壤土。亩施 2 000～3 000 kg 优质腐熟的农家肥作基肥，深翻耙平，做成平畦。南北行起垄双行定植，垄宽 1.2 m，垄面宽 0.8 m，沟宽 0.4 m，沟深 0.15 m。一般定植行株距为 30×25 cm，每亩定植 3 800～4 000 株。定植后浇足水，温度低的地区也可覆盖地膜。

三、田间管理

1. 追 肥

在施足基肥的基础上，每采收 1 次，追施 1 次稀薄的人粪尿，每亩 1 000 kg，或尿素 10～15 kg。

2. 灌 水

虽然紫背天葵的耐旱性很强，但充足的水分有利于茎叶生长，提高产量，改进品质。一般每次追肥后都应及时灌水，遇旱也应灌水，保持土壤湿润。灌水以"见干见湿"为宜，雨季注意排涝。

3. 病虫害防治

紫背天葵目前病虫害较少，仅病毒病及蚜虫时有发生，首先杀灭蚜虫，切断传播途径，对于蚜虫及白粉虱可采用黄板诱杀（利用蚜虫等害虫的趋黄性，在田内放置自制的黄色黏虫板诱杀害虫）的方式防治。极少需要喷农药，符合绿色食品要求。

四、采 收

紫背天葵定植 20～30 d 后即可采收，收嫩梢为产品，采收标准为梢长 10～20 cm，第 1 次采收时基部留下至少 2～3 节叶片，使新发生的嫩茎略呈匍匐状以促进萌发新的嫩梢，约半个月后，又可进行第 2 次采收，从第 2 次采收起茎的基部只留 1 节叶片，这样可控制植株的高度和株形。在适宜的条件下每隔 7～10 d 采收 1 次。采摘的次数越多，分枝越旺盛。南方地区周年均可收获，北方地区温室生产可周年采收，8～9 月为采收旺季。

五、母株保存

初霜前，在田间选择健壮的植株，截取顶芽，扦插在保护地内，留作母株第二年使用，保护地内的温度应控制在 5 ℃以上。

第五节　芥蓝栽培技术

芥蓝属十字花科芸薹属一年或二年生草本植物，是我国著名的特产蔬菜之一，以其花薹和嫩叶为食用部分，营养非常丰富，是一种理想的保健蔬菜。同时，芥蓝具有很高的药用价值，芥蓝中含有有机碱，有一定的苦味，能刺激人的味觉神经，增进食欲，还可加快胃肠蠕动，有助消化。它还含有大量膳食纤维，能防止便秘，降低胆固醇，软化血管，预防心脏病等功效。芥蓝在南方大部分地区可周年种植，现在北方已引种成功，并不断扩大种植面积。我国芥蓝产品出口到日本、东南亚等地，被称为营养价值高的蔬菜。

芥蓝有两大类：开白花的称为白花芥蓝，开黄花的称为黄花芥蓝。白花芥蓝主食嫩薹，叶质较粗；黄花芥蓝为叶薹兼用种，叶质柔嫩，菜薹较细。白花芥蓝的花薹比黄花芥蓝粗壮，品质也好，目前，生产上以栽培白花芥蓝为多。芥蓝茎叶含有甘蓝类特有的芳香物质，因而很受西方人欢迎，故欧美等国家种植也逐渐增多。

一、播种育苗

1. 种子消毒

芥蓝种子消毒可用热水烫种或药液浸种等方法。

（1）热水烫种消毒法：将种子放入盛有 70 ~ 75 ℃ 热水的容器中浸烫，开始时用另一容器将水来回倾倒，直至水温降到 55 ℃ 左右时改为不断地搅动，保持此温度 7 ~ 8 min，后继续搅动使其降温至 30 ℃ 再继续浸种 3 ~ 4 h，最后洗净。

（2）药液浸种消毒法：将种子用清水浸泡 2 ~ 3 h 后，再用 1% 高锰酸钾或 1% 硫酸铜溶液将种子浸泡 5 ~ 10 min，然后取出洗净晾干。

2. 播种育苗

芥蓝的根系再生能力强，适于育苗移栽，有利于培育壮苗，提高产量。育苗地选择排灌方便，前茬作物不是十字花科蔬菜的砂壤土或壤土。播种量以每亩 200 g 为宜，需苗床面积 50 ~ 80 m^2。要培育壮苗必须施足基肥，一般每 100 m^2 苗床施腐熟的有机肥 150 ~ 200 kg，复合肥 10 ~ 15 kg。期间可视苗情追施速效氮肥尿素或硫酸铵 2 ~ 3 次，还要保持土壤湿润，同时注意间苗，避免过密导致生长细弱，待幼苗长至 5 片真叶时即可移栽。苗期如遇高温，要用遮阳网做好防热工作。芥蓝容易混杂，苗期注意去杂去劣（图 3.8）。

图 3.8　芥蓝育苗

二、整地与定植

芥蓝对土壤的适应性广，砂土或黏土等均可栽培，以保水保肥好的壤土为宜。精细整地，每亩施入腐熟的猪粪、堆肥 3 000 ~ 4 000 kg，过磷酸钙 25 kg，作基肥，翻入土壤混合均匀，土粒打细，耙平作畦，畦一般作成 1.5 m 宽的平畦，长度依田块而定，但夏季栽培应作成小高畦。

芥蓝定植适宜苗龄 30 d 左右，具 5 ~ 6 片真叶。栽苗日期确定后，在栽苗前一天下午给苗床浇透水，以便于次日挖苗移栽定植。定植时宜选晴天，傍晚进行，随拔随栽，并剔除病苗、弱苗。定植前按苗大小分级后再定植，便于管理，并且生育期相对一致，收获期集中，采收也方便。定植密度因品种、栽培季节与管理水平而定，一般早熟品种株行距 20 cm×25 cm，每亩植 7 500 株左右；中熟品种株行距为 22 cm×30 cm，每亩植 6 500 株左右；晚熟品种株行距 30 cm×30 cm，每亩植 5 500 株左右。栽苗不宜深，以苗坨土面与畦面栽平或稍低 1 cm 为宜。苗栽好后，随即进行浇水，以恢复其长势。

三、田间管理

1. 浇　水

定植后缓苗前，勤浇小水，保持土壤湿润，以防缺水枯萎，促发新根。缓苗后叶簇生长期适当控制浇水。进入菜薹形成期和采收期，要增加浇水次数，经常保持土壤湿润，适宜的土壤湿度为 80%~90%。

芥蓝叶面积较大，如叶片鲜绿，油润，蜡粉少，是水分充足，生长良好的标志；叶面积较小，叶色浓，蜡粉多，是缺水的表现，应及时灌溉。

2. 追　肥

追肥随水施，定植后 3~4 d 追施加水 7~8 倍的稀薄人粪尿，促进幼苗成活；现蕾抽薹时追施适当的速效性肥料或人粪尿；花薹形成期和主薹采收后应追肥 2~3 次以促进侧薹的生长发育，前期可用加水 3~4 倍的人粪尿，中后期可用化肥，追肥用量，先后共施人粪尿 2 000~2 500 kg。

3. 中耕培土

芥蓝前期生长较慢，株行间易生杂草，要及时进行中耕除草，促进侧枝萌发。随着植株的生长，茎由细变粗，基部较细，上部较大，形成头重脚轻，要结合中耕进行培土、培肥，最好每亩施入 1 000~2 000 kg 有机肥。

四、病虫害防治

1. 病　害

（1）根腐病：主要是由苗期土壤过湿、播种过密和生长期根部机械损伤等导致的。

防治方法：种子消毒、施用腐熟的有机肥，注意水分管理和及时间苗；生长发育期要注意及时排除积水、中耕除草及避免伤根；发病初期，在病株根部淋施 300 ml 72% 的农用硫酸链霉素可湿性粉剂 3 000~4 000 倍液，每隔 7~10 d 淋 1 次，连续 2~3 次。

（2）霜霉病：在叶面初生黄绿色斑块，无明显边缘，叶背病斑处出现白色霉状物，扩大后，因受叶脉限制呈多角形斑，由淡黄色变为淡褐色。严重时，病斑连片全叶干枯，忽冷忽热且多湿天气最易发病。

防治方法：选用抗病品种，选择无病的植株作留种母株；播前进行种子处理，用种子重量 4‰ 的 50% 福美双药剂拌种；施足底肥，增施磷、钾肥，促进植株健壮生长，提高植株抗病性；合理灌溉，防止积水；发病初期要及时摘除病叶，立即喷药防治，常用药剂有 40% 疫霜灵可湿性粉剂 300 倍液、75% 百菌清可湿性粉剂 600 倍液、50% 敌菌灵可湿性粉剂 500 倍液或 65% 代森锌可湿性粉剂 500 倍液。

（3）黑腐病：高温高湿易发生，成株叶片多发生于叶缘部位，呈"V"形黄褐色病斑，病斑的外缘色较淡，严重时叶缘多处受害至全株枯死。幼苗染病时其子叶和心叶变黑枯死。

防治方法：选用抗病品种，避免与十字花科蔬菜轮作；发现病株应及时拔除；初发现病斑应立即喷洒杀菌剂如百菌清等。

2. 虫 害

（1）菜青虫：菜青虫为害芥蓝时，常将叶片咬成穿孔、缺刻，严重时将幼苗咬死，只剩几根较粗的主叶脉。

防治方法：喷洒 75% 辛硫磷 3 000~4 000 倍液进行药剂防治；采用杀螟杆菌、苏云金杆菌等细菌农药进行生物防治；利用天敌，控制其数量；人工捕捉成虫及幼虫，可减轻危害。

（2）蚜虫：高温干旱时期易发生。

防治方法：可喷施 1.8% 阿维菌素 3 000~4 000 倍液、高效苏云金杆菌乳剂 1 000 倍液等进行药物防治。

五、采收留种

采收时应根据植株生长情况，适当保留花薹基部叶片，以保证产量与质量。白花芥蓝随着花薹长大，分期采收。花薹在花序充分发育，花蕾尚未开放时，最为肥嫩，为采收适期。第一次采收在主薹顶部接近上部叶片时（称齐口或平口）进行。自基部留 3~4 片叶处摘取，主薹采收后，留下的基叶腋芽又抽生侧薹，侧薹现齐花蕾再收，自基部 1~2 片叶处摘取，留下的基叶腋芽还可以形成次生侧薹，这样可陆续采收直至植株衰老为止，有利于提高产量（图 3.9）。天气温暖适宜，肥培管理得法，侧薹发育良好，采收期长，产量高，每亩可采收 1 500~2 000 kg。天气冷凉，侧薹抽生少，采收期短，产量低，每亩可采收 1 500 kg 左右。

图 3.9 芥蓝采收

留种种株选花薹肥大、皮薄、节间稀疏、茎叶细小、花蕾紧密球状、整齐、符合品种特性的植株。芥蓝易与结球甘蓝和花椰菜等甘蓝类蔬菜自然杂交，留种时要注意做好隔离工作。夏播采种的 9 月开花，12 月份可采收种子；春播采种的 2 月份播种，6 月份可采收种子。

第六节 荆芥栽培技术

荆芥别名香荆芥、线芥、假苏，为唇形科荆芥属一年生草本植物，营养价值和药用价值丰富，主要以鲜嫩的茎叶供作蔬菜食用，以带花穗的全草入药，具有解毒、散风、透疹、止血的功效。近两年来荆芥还广泛应用于饲料、香料等加工行业，荆芥油出口东南亚各国的数量也逐年增加，使得其商品社会需求量不断增大。荆芥主产江西、江苏、浙江、四川、河南、河北等省，现全国大部分地区都有栽培，是一种经济效益高、很有发展前途的无公害、保健型辛香蔬菜。

一、选地整地

宜选择比较肥沃湿润、排水良好的砂壤土种植，地势以阳光充足的平坦地为好。荆芥种子细小，所以地一定要精细整平，有利于出苗。同时施足基肥，每亩施农家肥 2 000 kg 左右。然后耕翻深 25 cm 左右，粉碎土块，反复细耙，整平，作成宽 1.3 m、高约 10 cm 的畦，四周开好排水沟，再在畦面上横向开浅沟，沟距为 26~33 cm，沟深约 2 cm。

二、种子繁殖

荆芥多采用种子繁殖，直播或育苗移栽。一般夏季直播而春播采用育苗移栽。北方春播，南方春播秋播均可。

1. 直 播

荆芥播种分条播和撒播，以条播为好，便于管理，每亩用种量为 0.5~0.75 kg。5~6 月，麦收后立即整地作畦（同上）。播前种子用温水浸 4~8 h 后与细砂拌匀，播种时将种子均匀撒于沟内，覆土 1 cm 左右，以不见种子为度，稍加镇压。若土壤干燥，播后可适量浇水，保持湿润，7~10 d 即可发芽。

2. 育苗移栽

春播宜早不宜迟，应在早春解冻后立即播种。条播，行距可缩小至 14~17 cm，覆细土，以不见种子为度，稍加镇压，并用稻草盖畦保湿。出苗后揭去覆盖物，苗期加强管理，当苗高 6~7 cm 时，按株距 5 cm 间苗，5~6 月苗高 15 cm 左右时移栽大田，株行距为 15 cm×20 cm（图 3.10）。

图 3.10　荆芥育苗

三、田间管理

1. 间苗、补苗

出苗后应及时间苗，直播者苗高 10 ~ 15 cm 时，按株距 15 cm 定苗，育苗移栽者要培土固苗，如有缺株，应及时补苗。

2. 中耕除草

在苗高 5 ~ 10 cm 时，结合间苗或定苗进行浅松表土和拔除杂草，中耕要浅，以免压倒幼苗。直播者播后 1 个月封行，封行后不再中耕，可见草拔除；育苗移栽者可视土壤板结和杂草情况，中耕除草 1 ~ 2 次。

3. 追　肥

以腐熟的无害农家肥为主，荆芥需氮肥较多，但为了秆壮穗多，应适当追施磷、钾肥。第 1 次在苗高 10 cm 左右时每亩可追施人粪尿 1 000 ~ 1 500 kg；第 2 次在苗高 20 cm 时每亩可施入人粪尿 1 500 ~ 2 000 kg；第 3 次在苗高 30 cm以上时，每亩撒施腐熟饼肥 55 kg，并可配施少量磷、钾肥；以后视苗的生长情况可适当的将人粪尿与火土灰、饼肥混合的复合肥施入行间。

4. 排灌水

苗期要保持土壤湿润，应经常浇水，以利生长，成株后抗旱能力增强，但忌水涝，雨季应及时疏沟排除积水。

四、病虫害防治

1.病 害

（1）根腐病：7~8月高温多雨易发此病，感染后地上部迅速萎蔫，根及根茎变黑、腐烂。

防治方法：注意排水，播前每亩可用70%敌克松1 kg处理土壤；发病初期可用五氯硝基苯200倍液浇灌根际，或用50%甲基托布津1 000倍液、或50%多菌灵800~1 000倍液进行防治，每隔7~10 d喷1次，连喷2次。

（2）立枯病：多发生在5~6月，低温多雨、土壤很湿易发病，发病初期苗的茎部发生褐色水渍状小黑点，小黑点扩大，呈褐色，茎基部变细，倒伏枯死。

防治方法：选良种，加强田间管理，做好排水工作；遇到低温多雨，要喷波尔多液1∶1∶100倍液，每隔10 d喷1次，连喷2~3次；发病初期用50%甲基托布津1 500倍液防治。

2.虫 害

虫害主要有地老虎、银纹夜蛾，主要为害荆芥的根和叶。

防治方法：用适量的90%晶体敌百虫1 000倍液喷杀，或采用生物防治。

五、采收加工

1.采 收

菜用：荆芥定植后，苗高15~20 cm时开始采摘嫩茎叶，以后每隔1~2周采收1次。采摘的嫩茎叶趁新鲜上市销售，短时间保鲜运往外地销售。

药用：春播者，当年8~9月采收；夏播者，当年10月采收；秋播者，第2年5~6月才能采收。荆芥刚开花时，采收质量最好。一般为果穗2/3成熟，种子1/3饱满，香气浓，在生产上要比正常采收时间提前5~7 d采收，此时花盛开或开过花，穗绿色，将要结籽，此时采收的药材质量较好。选择晴天早晨露水刚过时，用镰刀从基部割下全株，边割边运，不能在烈日下暴晒。

2.加 工

收割后运回，在阴凉处阴干，然后扎成小捆晾至全干即成商品。干后捆成把为全荆芥，割下的穗为荆芥穗，余下的秆为荆芥秸，作种用的荆芥种子收后，秆也可药用，但质量差些。全荆芥以色绿茎粗、穗长而密者为佳；荆芥穗以穗长、无茎秆、香气浓郁、无杂质者为佳。

六、留　种

秋季收获前，在田间选择株壮、枝繁叶茂、穗多而密、香气浓、又无病虫害的单株作种株。收种时间须较产品收获晚 15 ~ 20 d。当种子充分成熟、籽粒饱满、呈深褐色或棕褐色时，把果穗剪下，放在场地里晒，晒干后将荆芥抖动，使大量种子脱落，收起种子，除去杂质；或者把果穗扎成小把，晒干脱粒，将种放置布袋中，悬挂于通风干燥处贮藏。

第七节　球茎茴香栽培技术

球茎茴香别名意大利茴香、甜茴香，是伞形科茴香属茴香种的一个变种，原产意大利南部，现主要分布于地中海沿岸地区。近些年我国一些大中型城市和沿海城市为满足涉外饭店及大型超市日益增长的市场需求，纷纷引种、栽培。成熟时，由叶鞘基部层层抱合形成扁球形的脆嫩球茎，重量可达 250 ~ 1 000 g，成为主要的食用部分，可用于炒食或凉拌，嫩叶用于做馅。此外，球茎茴香含有特殊的香辛味，并含有丰富的氨基酸、维生素、矿物质等营养，可增进食欲，具有温肝胃、暖胃气、散寒结的保健功能。

根据"球茎"的形状可分为两种类型：（1）扁球形类型：叶色绿，植株生长旺盛，叶鞘基部膨大呈扁球形，淡绿色，外层叶鞘较直立，左右两侧短缩茎明显，外部叶鞘不贴地面，球茎偏小，单球质量 300 ~ 500 g。（2）圆球形类型：株高、叶色与扁球形差异不大，但球茎紧实，颜色偏白，外形似拳头，叶鞘短缩明显，抱合极紧，不仅向左右两侧膨大，而且前后也明显膨大，外侧叶鞘贴近地面，球茎较大，单球质量 500 ~ 1 000 g，适宜在保护地种植，密度不宜过大。

球茎茴香外形新颖独特，很受消费者欢迎，市场前景比较好。

一、育　苗

1. 苗床准备

选地势高燥、肥力充足、排灌方便、无病虫害的地块作苗床。每亩大田需苗床 7 ~ 8 m^2，需干种 30 ~ 50 g。苗床每平方米施腐熟的有机肥 2 ~ 3 kg、硫酸铵 0.05 kg、过磷酸钙 0.02 ~ 0.3 kg，将这些肥料均匀的掺入土中，拌匀，耙平，然后开沟，沟距 10 cm，沟深 1 cm。

2. 播前种子处理及播种

种子用 50% 多菌灵可湿性粉剂拌种，可有效防止球茎茴香软腐病的发生，用量为种子重量的 2% ~ 3%；也可用 48 ~ 50 ℃ 的温水浸种 25 min 去除种子表面病菌。

播前晒种 6 ~ 8 h，用手搓后浸种 20 ~ 24 h，置于 20 ~ 22 ℃ 温度条件下催芽，每天用清水洗 1 次，6 d 左右出芽后播种，将种子均匀的撒进沟内，然后覆土浇水。若 6 ~ 8 月播种，需在苗床上搭小棚遮荫或覆盖遮阳网，以便降温保湿。

3. 苗期管理及间苗

苗期应小水勤浇，保持土壤见干见湿。播后 7 ~ 10 d 出苗，幼苗 2 叶 1 心时间苗，苗距 3 ~ 4 cm；3 ~ 4 片真叶时再间苗 1 次，苗距 4 ~ 5 cm（图 3.11）。

图 3.11　球茎茴香育苗

二、定　植

当苗高 10~15 cm，真叶 3~4 片，苗龄 30 d 左右时定植，幼苗以叶色深绿、根系发达者为佳。定植前 7~10 d，每亩施腐熟的有机肥 5 000~6 000 kg，耕翻整平耙细，作南北向小高畦，畦高 10~15 cm，宽 1.2 m。结合作畦，每亩施三元复合肥 50 kg，集中施于种植沟内。

选阴天或傍晚定植。移苗前，先将苗床浇透，以利带土起苗，促进成活。行距 30~40 cm，株距 20~30 cm，亩植 6 000 株左右，定植深度 2~2.5 cm，以不埋住心叶为宜，定植后要浇足定根水。

三、田间管理

1. 中耕除草

球茎茴香属于浅根性蔬菜，因此，在中耕除草时，要注意浅除，以免碰伤根部。在土壤疏松不板结的情况下不必中耕，可人工拔草。在叶鞘肥大期，最好结合培土进行最后 1 次中耕。后期植株较大，封垄后要停止中耕。每次中耕除草的同时还应注意及时打去叶腋处的侧芽，以保证主球茎的质量。

2. 肥水管理

定植后 3~4 d 浇缓苗水，不宜过大，缓苗后中耕蹲苗 10 d 左右，以促进根系生长。球茎开始膨大至收获前小水勤浇，保持土壤湿润。

球茎开始膨大时追第 1 次肥，过 15 d 左右再追第 2 次肥，每次每亩穴施有机肥 100 kg 或氮、磷、钾三元复合肥 15 kg，结合浇水进行。

3. 温度管理

定植后保持温度白天 20~28 ℃、夜间 15~20 ℃；茎叶生长期白天 20~25 ℃、夜间 10~12 ℃；球茎膨大期白天 18~25 ℃、夜间 10 ℃。

四、病虫害防治

1. 病　害

（1）猝倒病：主要为害幼苗嫩茎和根茎部，发病初期病部呈现水渍状，后期植株腐烂或猝倒，发病严重时会成片死亡。

防治方法：苗期不可大水漫灌，控制环境的湿度，发现病株及时清除，并喷施 70% 乙磷锰锌可湿性粉剂 500 倍液或 64% 杀毒矾可湿性粉剂 500 倍液，或 72% 杜邦克露可湿性粉剂 800 倍液，或 57% 百菌清 600~800 倍液，每隔 7~10 d 喷 1 次，连喷 2~3 次。

（2）灰霉病：主要侵染叶片和叶柄，有时也为害球茎。多从衰老、坏死或结水的叶片开始侵染，引起枝叶坏死腐烂，在病组织表面产生灰色霉层。球茎染病后，初呈水渍状灰绿色至灰褐色坏死，以后软化腐烂，在病部表面产生灰色霉层。

防治方法：注意加强通风，降低空气湿度，避免大水漫灌；发病初期可用 50% 农利灵 500 倍液或 50% 速克灵可湿性粉剂 2 000 倍液或 50% 扑海因可湿性粉剂 1 000 倍液防治，每隔 7~10 d 喷 1 次，连喷 2~3 次。

（3）根腐病：主要侵染根系，发病初期根尖或幼根呈褐色水渍状，以后变成黑褐色坏死病斑，逐渐发展使主根呈锈黄色坏死病斑，最后仅剩下纤维状纤维束，病株极易从土中拔起。发病植株随病害发展至叶片，由外向里逐渐变黄坏死，最后全株枯死。

防治方法：施用充分腐熟的有机肥，减少伤根，浇小水，并注意浇水后及时浅中耕；发病初期用 50% 多菌灵 500 倍液或双效灵水剂 1 500 倍液灌根，每株灌药液 500 g。

（4）白粉病：为害植株地上所有部位。初期在植株表面出现少量白色粉状斑点，以后逐渐扩大，表面产生大量白色粉末。病菌相互融合，使植株表面覆盖一层厚厚的白粉。随病害的发展，植株组织开始褪色，以后坏死枯萎。

防治方法：保持田园清洁，避免与伞形科蔬菜轮作；发病初期可喷施 15% 粉锈宁可湿性粉剂 1 000~1 500 倍液，也可用 50% 多菌灵 500 倍液，40% 百可得 1 500 倍液，40% 福星 8 000 倍液防治。

（5）菌核病：该病是冬季生产中常见病害，主要为害叶柄和球茎，被侵染的植株呈凋萎状，病部褐色湿润或变软腐烂。发病后期病部表面及球茎腔内产生大量黑褐色鼠粪状菌核。

防治方法：栽培上注意调节田间湿度，尤其是低温期间不宜浇水过多，施肥上不要偏施氮肥，要适当增施磷、钾肥；发病初期清除病株并及时进行药剂防治，可用 40% 菌核净 1 200 倍液或 65% 甲霉灵 1 000 倍液喷雾，重点喷茎基部。

2. 虫 害

（1）蚜虫：造成叶和植株皱缩，不能结球或结球不良。

防治方法：可用 40% 乐果乳油 800～1 000 倍液，或 10% 吡虫啉 2 500 倍液，或速灭杀丁 2 000～3 000 倍液进行喷杀。

（2）白粉虱：症状同蚜虫。

防治方法：可用生物肥皂进行防治，按照每亩用药 25～45 ml，稀释成 1 000～1 500 倍液后进行喷施，每隔 15～20 d 喷 1 次，连喷 2～3 次。注意：采收前 7 d 严禁使用任何农药。

五、采收

采收标准为球茎已充分膨大，球茎直径达 7～9 cm 时，外面鳞片呈白色或黄白色时即可。一般定植后 60～70 d 即可采收，采收时间应掌握在叶球停止膨大时为宜。过早采收产量低，过晚采收，则纤维增多，质量下降。

采收时整株拔出，用利刀将上部细叶、老叶和球茎的根削去，只保留 10 cm 左右的叶柄和球茎，包装后出售。采收时还要注意轻拿轻放，避免过多的机械损伤。为了延长供应期，可以分期分批采收上市。

六、采后贮藏保鲜

采后保鲜，首先应迅速降温，简易有效的方法是水冷法：用水温为 4～5 ℃ 的冷水漂洗冷却，控干后贮存于温度 0～5 ℃、相对湿度 95% 和避光的环境中，以保持产品的外观和维生素的含量，在上述环境条件下，保鲜期可达 15 d 左右。

包装保鲜：球茎茴香的水分比较大，为了防止水分蒸发，采收后应该及时进行包装保鲜。球茎茴香的包装方法分为两种，整株包装和切割包装。（1）整株包装：切去球茎上的根盘和污垢，将球茎茴香上的黄叶，残叶去掉，用塑料薄膜将球茎茴香全株包裹，防止水分流失。将包装好的球茎茴香放入箱内即可；（2）切割包装：因为球茎茴香的食用部分主要是其球茎，所以也可以将球茎茴香的上半部分去掉，只留球茎进行包装。具体方法是将球茎茴香的根盘切净，再将球茎上的茎叶全部切去，通常将两个球茎茴香放入一个塑料盒内，摆齐，用塑料薄膜将球茎茴香封严即可。

参 考 文 献

[1] 吴先英，韦廷才. 雪莲果的生物特性及其栽培技术[J]. 农技服务，2007，24（4）：101.

[2] 陈益忠，沈清标. 雪莲果引种及栽培技术要点[J]. 福建果树，2007，（142）：48-49.

[3] 朱鑫，王萱，王俊杰. 新兴保健型水果雪莲果的引进和栽培[J]. 天津农业科学，2008，14（5）：24-25.

[4] 黄碧荣. 平和天山雪莲果栽培管理技术[J]. 现代农业科技，2008，（3）：34，38.

[5] 俞爱英，吴增琪，周泽华，等. 高山有机雪莲果栽培技术[J]. 上海蔬菜，2008，（5）：111-112.

[6] 王贵民，郝再彬，王彦超，等. 东北地区甜叶菊栽培技术[J]. 黑龙江农业科学，2008，（1）：124-126.

[7] 田兆玲. 甜叶菊高产栽培技术[J]. 现代农业科技，2008，（14）：57- 58.

[8] 卢清会. 甜叶菊的主要病虫害及其防治[J]. 现代农业科技，2008，（8）：83.

[9] 刘合刚，刘国杜. 甜叶菊在武汉地区的引种栽培[J]. 中国中药杂志，2001，26（7）：498-499.

[10] 许开华，刘志芳，裘建荣. 甜叶菊黑膜覆盖增产机理与栽培技术初探[J]. 浙江农业科学，2000，（5）：253-254.

[11] 刘红光. 山东省甜菊宿根越冬贮藏及综合栽培技术[J]. 中国糖料，2003，（2）：30-31.

[12] 陈文贞，谢永平，李歆华. 观赏蔬菜新品种—蛇瓜[J]. 上海蔬菜，2004，（2）：18.

[13] 刘守昌. 蛇瓜的高效栽培技术[J]. 农村经济与科技，2005，（4）：30.

[14] 张楠. 蛇瓜的栽培技术[J]. 农业科技通讯，2008，（2）：120.

[15] 张延霞，刘翠先. 蛇瓜无公害生产栽培技术[J]. 农业科技通讯，2007，（3）：37.

[16] 赵志萍. 蛇瓜引种及其保护地栽培技术[J]. 青海科技，2006，（3）：44.

[17] 陈霞. 食用观赏型蔬菜蛇瓜的高产栽培技术[J]. 北京农业，2001，（8）：7.

[18] 高义富，叶茂强，彭代忠，等. 魔芋的高产栽培技术[J]. 陕西农业科学，2005，（2）：143-145.

[19] 钟刚琼，盛德贤，腾建勋. 魔芋高产栽培技术要点[J]. 农业科技通讯，2005，（1）：37.

[20] 陈耀兵. 魔芋种芋繁育新法[J]. 中国蔬菜，2005，（1）：48.

[21] 向大铭. 魔芋栽培技术[J]. 农村经济与科技，2004，（4）：29.

[22] 崔鸣，赵兴喜. 魔芋白绢病发生危害与综合防治[J]. 植物保护，2002，28（6）：35-37.

[23] 崔鸣，赵兴喜，李增义. 魔芋软腐病的发生为害与综合防治[J]. 中国蔬菜，2003，（3）：42-44.

[24] 殷减清. 魔芋全程防病高产栽培技术[J]. 云南农业科技，2003，（4）：30-31.

[25] 刘爱红. 芦笋栽培技术要点[J]. 中国蔬菜，2008，（3）：19.

[26] 卢军岭. 芦笋栽培技术[J]. 河南农业，2008，（7）：37-38.

[27] 陈伟，何启平. 芦笋优质无公害栽培技术[J]. 现代农业科技，2008，（4）：32.

[28] 李书华，刘保真，李少勇，等. 芦笋高产高效标准化栽培技术规程[J]. 山东农业科学，2004，（4）：34-36.

[29] 肖永清，彭慧峰，田孟强，等. 芦笋的栽培技术[J]. 中国农技推广，2005，（7）：33.

[30] 唐加雨. 芦笋常见病害及其综合防治[J]. 上海蔬菜，2005，（6）：61-62.

[31] 张艳秋. 无公害芦笋生产中病虫草害综合防治技术[J]. 植物医生，2006，19（1）：40-42.

[32] 彭素琴，谢双喜. 金银花的生物学特性及栽培技术[J]. 贵州农业科学，2003，31（5）：27-29.

[33] 王恒波，袁月芳. 金银花繁育栽培技术[J]. 河北林业科技，2003，（3）：38-39.

[34] 卿太明，熊明彪，邵智勇. 四川省紫色土区金银花栽培技术[J]. 中国水土保持，2004，（10）：17-18.

[35] 曾令祥. 金银花主要病虫害及防治技术[J]. 贵州农业科学，2004，32（4）：68-70.

[36] 王广军，张国彦. 金银花无公害生产病虫害防治技术[J]. 植保技术与推广，2003，23（11）：35.

[37] 程灶隧. 金银花的栽培与加工[J]. 安徽农学通报，2007，13（10）：223.

[38] 吴庆华，李春霞，余丽莹. 广西石山地区金银花栽培[J]. 广西农业科学，2002，（5）：273.

[39] 刘承训. 当归的高产栽培技术[J]. 四川农业科技，2005，（1）：26.

[40] 王万胜. 当归无公害丰产栽培技术[J]. 甘肃农业，2005，（8）：144.

[41] 李定业，蒲国年. 当归栽培技术[J]. 青海农技推广，2001，（1）：47.

[42] 裴婕好. 优质高效当归栽培技术[J]. 甘肃农业，2004，（11）：112.

[43] 魏强，柴春山. 当归栽培及加工技术[J]. 中国野生植物资源，2004，23（1）：64-65.

[44] 高农，韩学俭. 川芎苓子繁育技术[J]. 特种经济动植物，2004，（10）：26.

[45] 李珍贤. 川芎栽培技术[J]. 农村实用技术，2006，（12）：34-35.

[46] 蒋桂华，马逾英，侯嘉，等. 川芎种质资源的调查收集与保存研究[J]. 中草药，2008，39（4）：601-604.

[47] 杨关学，任成芬，代秀容，等. 彭州市川芎的高产栽培技术[J]. 四川农业科技，2007，（7）：43.

[48] 付责明，雷朝林，罗志美，等. 无公害川芎规范化栽培技术[J]. 四川农业科技，2003，（6）：27-28.

[49] 李玉新. 白术的药用价值及高产栽培技术[J]. 湖南农业科学，2003，（1）：57-58.

[50] 陈志. 白术丰产栽培技术[J]. 现代农业科技，2008，（20）：59，61.

[51] 姚国富，王忠兴. 白术优质高产规范化栽培技术[J]. 中国农技推广，2008，24（9）：30-31.

[52] 武晓霞，武晓青，徐同印. 白术栽培管理技术[J]. 中草药，2001，32（6）：556-557.

[53] 黄力刚. 白术栽培技术[J]. 安徽农学通报，2005，11（3）：75.

[54] 李天金，陈德禄. 白术根腐病和白绢病的综合防治技术[J]. 中国农技推广，2003，（1）：51.

[55] 乐巍，王永珍. 白术栽培中主要病害防治研究[J]. 时珍国医国药，2001，12（6）：575.

[56] 孔宪来，孔凡会，邢作民. 白术及其栽培加工技术[J]. 中国西部科技，2003，（2）：82-83.

[57] 窦宏涛，冯武焕. 薄荷优质高产栽培与加工[M]. 北京：中国农业出版社，2007.

[58] 方玉. 中草药栽培技术[M]. 吉林：延边人民出版社，2003.

[59] 李德智. 薄荷的栽培技术[J]. 中药材，2007，（5）：41.

[60] 刘文英. 薄荷高产栽培技术[J]. 云南农业科技，2001，（1）：29-30.

[61] 唐艳梅. 薄荷优质高产高效栽培技术[J]. 种子科技，2005，（3）：175-176.

[62] 杨文成，杨红. 薄荷锈病发生情况及其防治意见[J]. 植保技术与推广，2001，21（8）：23.

[63] 余启高. 石斛的特征特性及栽培技术[J]. 安徽农学通报，2008，14（11）：234.

[64] 张国华. 石斛栽培技术[J]. 现代农业科技，2008，（2）：33.

[65] 罗太洪. 石斛快速简便扦插繁育新方法[J]. 农技服务，2007，（1）：21.

[66] 姚能昌. 浅述云南石斛资源现状及开发利用技术[J]. 林业调查规划，2004，29（4）：80-82.

[67] 冉懋雄. 名贵中药材绿色栽培技术—石斛[M]. 北京：科学技术文献出版社，2002.

[68] 王建涛，张建平，李晓慧. 丹参高产高效栽培技术初探[J]. 现代农业，2009，（06）：29-30.

[69] 杨春莲. 丹参仿野生高产栽培技术[J]. 现代农村科技，2009，（15）：12-13.

[70] 杨素贞. 丹参高产栽培技术[J]. 现代农村科技，2010，（1）：12-13.

[71] 薛琴芬，孙大文，张普，等. 丹参栽培管理技术及主要病虫害防治[J]. 中国农技推广，2010，（2）：28-29.

[72] 胡晓黎，田玲，刘娜，等. 丹参优质高产栽培技术探讨[J]. 陕西农业科学，2010，（2）：213-214.

[73] 乐玮，覃朝谷，苟洪昱. 麦冬在南方园林地被中的栽培管理技术[J]. 现代园艺，2010，（5）：40.

[74] 黄虹. 麦冬高产栽培要点[J]. 安徽林业，2006，（2）：36.

[75] 吴生兵. 涪陵麦冬高产栽培技术[J]. 现代农业科技，2008，（17）：57-58.

[76] 王淑欣. 麦冬栽培管理[J]. 河北农业科技，2004，（2）：27.

[77] 蔡文国. 彭山县川泽泻栽培技术[J]. 现代农业科技，2007，（14）：37.

[78] 林宝凤. 泽泻栽培技术[J]. 现代农业，2009，（10）：16.

[79] 陈明. 泽泻丰产的栽培技术[J]. 中国中药杂志，1994，19（12）：722.

[80] 何建华. 川贝母栽培技术与药用价值[J]. 华夏星火，1995，（8）：45.

[81] 钟水明，马一平. 川贝母栽培技术[J]. 资源开发与市场，1986，（4）：46-48.

[82] 王永生. 贝母栽培技术[J]. 农村实用科技信息，2006，（8）：30.

[83] 李忠义，陈忠坚. 三七栽培技术要点[J]. 人参研究，2000，（1）：11-12.

[84] 邢作山，徐长华. 三七栽培加工技术[J]. 农村实用科技信息，2006，（12）：18.

[85] 王科斌, 张建华. 三七栽培和采收[J]. 现代种业, 2003, (3): 36.

[86] 陈中坚, 李忠义, 黄天卫, 等. 云南省三七栽培现状与发展前景[J]. 人参研究, 2000, (2): 15-16.

[87] 赵霞, 吕雅楠. 天麻高产栽培技术[J]. 吉林农业, 2010, (8): 109.

[88] 李健, 卫云, 孟令芳. 天麻栽培技术[J]. 科技致富向导, 1996, (11): 4-5.

[89] 芮孔明, 杨新华. 天麻栽培与加工技术[J]. 农家之友 (理论版), 2009, (8): 50-51.

[90] 章庆华, 陆卫明. 天麻栽培技术[J]. 现代农业科技, 2006, (9): 53-54.

[91] 和积飞, 谭林彩. 茯苓生产栽培技术[J]. 现代农村科技, 2009, (20): 8.

[92] 刘乔. 优质高产高效茯苓栽培技术[J]. 科技成果纵横, 1995, (3): 30.

[93] 李日长. 不断根茯苓栽培丰产技术[J]. 食用菌, 2001, (3): 32-33.

[94] 刘本洪, 郑林用. 茯苓的特性及段木栽培技术[J]. 四川农业科技, 2002, (4): 16.

[95] 黄正方, 杨美全, 孟忠贵, 等. 黄连生物学特性和主要栽培技术[J]. 西南农业大学学报, 1994, 16 (3): 300-302.

[96] 雷庆华, 黄德平. 黄连无公害栽培技术[J]. 中药材, 2011, (2): 32.

[97] 章文伟. 黄连栽培技术要点及采收加工[J]. 农家科技, 2001, (2): 33-34.

[98] 励月辉, 张志勇, 安福聚. 白芷栽培技术要点[J]. 中国中医药报, 2002, (7): 17-18.

[99] 苑军, 殷需瑶, 李红莉. 白芷的生物学特性及规范化栽培技术[J]. 中国林副特产, 2010, (1): 43-44.

[100] 罗光明, 肖宏浩, 刘能俊. 白芷的栽培技术[J]. 中国野生植物资源, 1996, (2): 40-41.

[101] 周淑荣, 王忠萍. 兴安白芷的栽培[J]. 特种经济动植物, 2007, (6): 36.

[102] 张西森. 生姜高产栽培技术[J]. 现代农业科技, 2008, (17): 35-36.

[103] 顾大路, 赵秉军. 生姜露地高产栽培技术[J]. 江西农业学报, 2007, 19 (1): 73-74.

[104] 韦伟, 陈忠, 毛亚勋等. 生姜无公害高产栽培技术[J]. 贵州农业科学, 2007, 35 (2): 114-115.

[105] 张晓海, 陈永兵. 生姜无害化生产技术[J]. 上海农业科技, 2005, (6): 93-94.

[106] 许旭战. 生姜主要病虫害的症状识别及综防技术[J]. 广西植保, 2005, 18 (3): 20-21.

[107] 吕华. 生姜病虫草害无公害防治技术[J]. 中国蔬菜, 2005, (5): 51-53.

[108] 李杰. 姜瘟病的早期综合防治[J]. 四川农业科技, 2005, (2): 35.

[109] 黄杰. 生姜的栽培与贮藏技术[J]. 现代农业科技, 2007, (18): 27.

[110] 陈献礼. 牛蒡栽培技术要点[J]. 农业科技通讯, 2006, (7): 48.

[111] 袁永胜, 徐鲁政, 李德福, 等. 牛蒡的标准化栽培技术要点[J]. 山东蔬菜, 2007, (3): 27-28.

[112] 赵春生, 李学斗. 牛蒡高产栽培技术[J]. 山东蔬菜, 2000, (3): 31-32.

[113] 曹占凤, 吕书林. 牛蒡规范化栽培技术[J]. 中药材, 2010, (9): 43-44.

[114] 张尊沛, 朱淑英, 赵涛. 无公害牛蒡生产技术要点[J]. 特种经济动植物, 2010, (7): 42-43.

[115] 孙振国, 王军, 赵学坤, 等. 牛蒡常见病虫害无公害防治技术[J]. 四川农业科技, 2009, (6): 54, 55.

[116] 施尚泽, 邱有荣, 董顺文, 等. 川明参大田种植及加工的关键技术[J]. 四川农业科技, 2010, (3): 35-36.

[117] 陈志荣, 莫春义. 川明参田间管理技术[J]. 四川农业科技, 2009, (3): 44.

[118] 施尚泽, 邱有荣, 董顺文, 等. 川明参种植关键技术[J]. 农业科技通讯, 2010, (7): 185-186.

[119] 戚容, 向茂德. 川北地区川明参高产栽培技术[J]. 四川农业科技, 2006, (10): 27-28.

[120] 魏波. 川明参高产栽培技术[J]. 现代农业科技, 2009, (5): 15, 31.

[121] 尹世杰, 辛宁, 于明明. 紫背天葵栽培技术[J]. 吉林蔬菜, 2005, (4): 26.

[122] 张健, 刘美艳. 紫背天葵的特征特性及栽培技术[J]. 江苏农业科学, 2004, (1): 89-90.

[123] 吴汉琼, 林德锋. 紫背天葵高产栽培技术[J]. 福建农业, 2008, (10): 18.

[124] 彭发进, 张蓉艳. 紫背天葵高效栽培技术[J]. 现代园艺, 2009, (9): 36.

[125] 邓正春, 刘克勤, 覃事玉, 等. 紫背天葵无公害栽培技术[J]. 长江蔬菜, 2005, (9): 28-29.

[126] 张亚炜, 毛菊香, 金延忠. 特色蔬菜紫背天葵的栽培技术[J]. 上海蔬菜, 2004, (1): 37-38.

[127] 高亮, 刘光文. 芥蓝的生育特点及栽培技术[J]. 山东农业科学, 1993, (6): 41-42.

[128] 杨清领, 姜俊, 胡应北, 等. 芥蓝高效栽培技术[J]. 河南农业科学, 2006, (2): 98-99.

[129] 杨春英. 芥蓝及其栽培技术[J]. 河南农业科学，1993，（6）：28-29.

[130] 高立波. 芥蓝栽培技术措施[J]. 广西园艺，2006，17（4）：49-50.

[131] 邢作山. 特种蔬菜芥蓝及其栽培技术[J]. 设施园艺，1993，（3）：13.

[132] 张华，刘钧如，黄亮华，等. 水培芥蓝反季节栽培技术[J]. 中国蔬菜，1996，（3）：40-41.

[133] 吉登令，薛瑞生. 南方秋冬芥蓝优质高产栽培技术[J]. 现代农业科技，2010，（2）：138，141.

[134] 吉晓. 荆芥栽培技术[J]. 农村实用技术，2005，（5）：23.

[135] 董庆武. 药用蔬菜荆芥的栽培技术[J]. 现代农业，2006，（12）：39.

[136] 吴疆，刘晓武. 荆芥大田栽培技术[J]. 农业科技与信息，2008，（5）：39.

[137] 曹亮，金钺，魏建和，等. 荆芥选育品系农艺性状及品质性状比较[J]. 中国中药杂志，2009，（9）：40-41.

[138] 王军，邢作山，田婧. 球茎茴香及其高效栽培技术[J]. 山西农业科学，2004，（5）：107-108.

[139] 何永梅，李建国. 球茎茴香高产高效栽培技术[J]. 四川农业科技，2010，（2）：28-29.

[140] 程春林. 球茎茴香及其栽培[J]. 特种经济动植物，2001，（9）：36.

[141] 刘春艳，王万立，王勇，等. 特种蔬菜球茎茴香栽培技术[J]. 农业科技通讯，2007，（11）：119-120.

[142] 高元华. 无公害特菜球茎茴香的栽培与食用[J]. 云南农业科技，2004，（2）：26-27.

[143] 崔加坤，刘洪文，张进，等. 无公害球茎茴香高产栽培技术[J]. 特种经济动植物，2005，（1）：34-35.